NHK「かんぽ不正」報道への
介入・隠蔽を許さない

裁判勝利の報告

「NHK文書開示等請求訴訟」原告団・弁護団　編

あけび書房

はじめに——集会司会者からの一言

原告団幹事　**皆川学**

本書は、２０２４年12月17日に開催した、ＮＨＫ情報公開等請求訴訟の「控訴審・最終報告会」の発言内容と関連資料、それに勝利を踏まえての今後の課題についての論考をまとめて掲載しています。集会の司会は、原告団幹事でＮＨＫＯＢの私・皆川が努めました。

当日の集会タイトルは「最終報告集会」といたしました。こう銘打った理由は、実は私たちの弁護団から、これまでの進行協議の結果として東京高裁から画期的な「和解提案」が出ることになるが、その情報が事前に表に出ると、12月のＮＨＫ定例経営委員会での議決に支障が出る可能性があるため、この和解の内容は表に出さないようにときつく言われていました。そのためこの日の集会名称は、「最終報告会」と、やや意味の不鮮明なものにせざるをえませんでした。

しかし、この日の午後1時半からのＮＨＫ経営委員会で「議事録公表」が議決され、私たち

の「全面勝利」が確定いたしましたので、当日の集会は実質的に「全面勝利報告集会」として行うことができました。

　さて集会後に私は、ネットで「ＮＨＫ経営委員会、議事録、１３１６回」と検索し、ＨＰにアップされたばかりの問題の議事録にあらためて目を通しました。森下という人物は、ジャーナリズムに関して「どれほどの見識をお持ちのご仁」かは知りませんが、これまで取材の手法を練り上げ、視聴者から高い支持を受けている「クローズアップ現代＋」という番組に対し、「まったく取材していない」「きわめて稚拙」などと評するのは、「きわめて無礼」な言いがかりであり、現場職員の怒りはいかばかりであろうか。

　経営委員会は、議事録隠しという放送法41条違反と、経営委の番組介入を禁じた放送法32条違反、それに番組の続編放送延期によってかんぽ不正による被害者増加を生じさせたという、三重の過ちを犯したのです。

　ところが、和解翌日の２０２４年12月18日の朝日新聞を読んで驚きました。取材に応じた古賀信之委員長は、議事録公開の必要性は強調しながら、「(議事録を読んで)私は番組介入したという感じはほとんど受けていない」と述べたそうです。放送法41条違反は認めたが、32条違反ではなかったと理解しているということです。これでは、「私も同じことをしただろう」と言っているようなものです。政財界の利益の代弁者としてこれからも役目を果たそうとしているのでしょうか。私たちはこれからも経営委員会に対して、厳しい監視を続ける必要があります。

もう一つ。議事録を読んで強く感じることは、森下氏は郵政からのクレームを仲介・利用し、「ガバナンスの徹底」と称して、「編集と経営の分離」という大原則(戦前、政府の要請により国民を戦争に駆り立てた〝大本営放送〟の反省から作られている)に対して、経営の優越的地位を確定させようとする意図が透けて見えることです。「放送現場の自律性」という不文律を改めて確認する必要があります

『ＮＨＫ「かんぽ不正」報道への介入・隠蔽を許さない　裁判勝利の報告』目次

あいさつ

原告団事務局長　**長井暁**

みなさま、本日はお集まりいただきましてどうもありがとうございました。またネット配信を通じてご覧いただいている、全国の原告の皆さま、支援者の皆さま、お疲れ様です。

私どもが提訴したのが２０２１年６月です。ですから今日まで３年半裁判を続けてまいりました。今年（２０２４年）の２月20日に一審の判決、我々の勝訴判決が出ました。被告側が控訴したため、東京高裁でいろいろと審議が続けられてきました。和解協議も行われまして、本日の午前中、10時半からまた和解期日がありまして、正式に和解が成立いたしました。

和解の内容としては、私たちがそもそもこの提訴したときに大きな目標として２つ掲げていたわけです。２０２１年６月に私たちが提訴しましたら７月に、２０１８年10月に経営委員会が会長を厳重注意したときの議事内容をそのまま文字に起こしたものが私たちに開示されました。

ところが、当時の森下経営委員長は、自分がその中で放送法32条に違反するような話をいっぱいしていたので、おそらくそれを公表したくなかったのだと思うのです。つまり、開示はするけど公表はしない、請求した人たちには開示をするけども、一般の人向けには公表はしないと言い出した。「公表」というのはＮＨＫのホームページに載せれば、誰でもが見られるようになるわけですが、森下さんが最後にごねて、「開示」はするけど「公表」はしない、と言い出したわけです。

私たちは、開示させたことは提訴の非常に大きな成果だったので、そこでもう裁判やめるという選択肢もあったと思うのですけれども、公表しないのであれば続けようと考えていました。とにかく公表と森下経営委員長の責任の明確化、この２つを追求して裁判を続けようという話になったわけです。

結果的には今年（２０２４年）２月20日に、正式の議事録はまだ作られていないので、私たちの請求は棄却しましたが、その一方で裁判所は放送法41条違反状態にあるということを認定したわけです。その上で、録音データは存在するので、それを開示しなさいと。あとは、ＮＨＫと森下さんに対して、原告に損害賠償を支払いなさいという判決が出ました。

ただ、裁判で公表を勝ち取ることは、開示請求訴訟ということになるので、なかなか難しいわけです。それで弁護団の先生方とも相談して、控訴審において、公表するということを条件に、和解協議をするということになりました。

その結果、本日公表するということと、森下さんが原告1人に1万円、合計98万円の解決金を支払うというような和解がなされた。つまり、私たちが最初に掲げた大目標である、「議事録の公表」と「森下経営委員長の責任の明確化」という2つの目的が達成される和解になったわけです。

私はこういう市民グループとして裁判をするという運動に初めて関わり、原告団事務局長をしましたが、とにかくカンパだけが頼りの市民運動として3年半裁判を継続し、こうしたNHKの情報公開をちゃんとやらせるということと、経営委員会の責任を明確化するという、画期的な勝訴的な和解に至りました。この3年半、本当にいろいろありましたが、多くの原告の方々、支援者の方々にご協力をいただき、裁判を続けてくることができました。

4人の弁護団の先生たちには本当にお世話になりました。準備書面などのさまざまな文書の作成、口頭弁論での陳述、集会での報告など、本当に様々な取り組みでお世話になり、ありがたいことだと思っております。この場を借りて、みなさまにこういうご報告できることを大変嬉しく思いますし、深くお礼を申し上げたいと思います。

今日はこれから和解の内容について、澤藤大河弁護士と、ほかの弁護士の先生方にもコメントをいただきまして、スペシャルゲストとして前川喜平さんにご講演いただきます。

本当に3年半、どうもありがとうございました。お世話になりました。

1　ＮＨＫ文書開示等請求訴訟和解の意義と課題

弁護団　澤藤大河

原告代理人弁護士の澤藤大河です。これから今日成立した和解についてご説明をします。

和解成立にあたっての声明

まず、声明を読み上げます。

2024年12月17日

声明～和解成立にあたって

1　本日、東京高等裁判所第23民事部（舘内比佐志裁判長・間史恵受命裁判官）において、NHK文書開示等請求訴訟の和解が成立した。

その和解条項の第1項は、控訴人NHK（原審被告）において、本日開催の経営委員会の決議に従い、2018年10月23日経営委員会議事経過（経営委員会が非公表とした上田良一NHK会長（当時）に対する厳重注意を内容とするもの）を記載した録音粗起こしを「議事録」として、NHKホームページに掲載して公表するというものである。

なお、本日の経営委員会に当該文書公表の議題を上程することについては、現経営委員会委員長（古賀信行氏）が事前に裁判所に文書を差し入れているところである。

2　また、和解条項第2項は、控訴人（原審被告）森下俊三氏が、原告一人につき各1万円（合計98万円）を支払うとするものである。これは、同被告が「文書を開示するための措置を講ずることのなかったこと」を違法とし、不法行為損害賠償責任を認めた一審判決を踏まえてのものである。

3　原告団が本訴訟において獲得目標としたものは、隠蔽されたNHK経営委員会議事録の公表であり、隠蔽した経営委員長の責任の明確化であった。現在の法制度のもとでは民事訴訟でのその実現は必ずしも容易ではないが、原告らの熱意ある取組みが、原動力となって裁判所に問題意識を喚起させ、その両者をともに実現する本和解に至った。

4　権力の健全性は、国民の不断の監視と批判の努力によって保たれる。権力行使の実態を可視化して、国民の監視と批判を可能とするために行政機関の情報公開制度がある。ＮＨＫ情報公開制度もその趣旨を同じくする。ＮＨＫの最高意思決定機関である経営委員会が、特定の番組を不都合とする外部勢力と結託して、ＮＨＫ会長を「厳重注意」とまでして、番組の制作に圧力をかけて妨害していた。その不当な圧力行使の舞台が、ほかならぬ定例の経営委員会であった。まさしく、「ＮＨＫ経営委員会が隠したいとした、この議事録こそが、最も視聴者・国民にとって公開が必要」なものであった。

5　情報公開の実現は、運動の終わりではない。全国の視聴者に、本和解によって公表された「議事録」をよくお読みいただくよう呼び掛けたい。そして、放送法32条2項違反に加担した当時の経営委員会諸氏には、猛省を促したい。

6　本日の和解成立をもって、ＮＨＫ文書開示等請求訴訟は終了する。しかし、私たちの運動は終わらない。今後とも放送法の精神に基づき、ＮＨＫ及び経営委員会が「放送の不偏不党、真実及び自律を保障することによって」「放送が健全な民主主義の発達に資するよう」（放送法第1条）努力することを求めたい。そのために、一層の監視・批判のみならず、必要な激励も行なっていくことを表明するものである。

ＮＨＫ文書開示等請求訴訟原告団・弁護団　一同

かんぽ不正の報道番組つぶし

この裁判は長かったですし、経過をたどるとあまりにも複雑ですので、簡単に裁判の経緯からご説明します。

ことの発端は、２０１８年4月24日、ＮＨＫの番組「クローズアップ現代＋」で、かんぽ生命保険の不正販売問題を取り上げたことです。かんぽ生命保険の過剰販売です。不要な簡保を売りつけることで、ゆうちょが不正に儲けている。こんな商品を買ったところで買った方の利益にはならない。かなり異常な消費者被害が起きているということを、警察が動くよりも早くＮＨＫのスタッフが知り、それを番組として報道したというのが始まりです。「郵便局が保険を〝押し売り〟⁉～郵便局員たちの告白～」という番組でした。

これに反発したのが加害者側、売っている方の経営者たちです。加害者側の郵政グループがこの番組の続編の制作と放送を妨害しようとしました。日本郵政の上級副社長である元総務事務次官の鈴木康雄さんが、ＮＨＫの経営委員だった森下俊三さん（このときは、委員長ではなく委員長代行）の個人的な知り合いだったことを手がかりにして、まず密会します。そして、経営委員会に働きかけて、経営委員会に上田ＮＨＫ会長を呼び出した上で厳重注意をするのです。そして、一旦はこの続編の放送をさせないという番組潰しに成功します。

経営委員会の役割から逸脱

本来は、公共放送の独立と公正を守るべき立場にあるのが経営委員会です。経営委員会は、ＮＨＫの会長を含めた全ての構成員の人事権を持つほどの、強大な権限を内側に対して持っています。しかし、経営委員を国会の同意を得た内閣総理大臣の任命人事とすることによって、外からの非常に強い圧力がかかったとしても経営委員会が防波堤となり、ＮＨＫを守るという思想のもとにこの組織設計図が作られたわけです。

ところが、あろうことか、その経営委員会が外部の勢力と結託をして、ＮＨＫの内部で真面目に消費者被害を防ぐために番組を作ろうとしたスタッフたちに牙をむき、そして良心的な番組を潰そうとして動いた。これが事実の経緯です。

経営委員会というのは極めて強力な権限を持っていますから、個別の番組などについて干渉をしてはいけないということが明示的に放送法に規定されています。放送法32条です。森下さんのこの厳重注意処分は明らかに放送法に違反しています。

議事録を隠蔽

さらにたちの悪いことに森下さんたちは、自分たちがこういう32条違反の個別の番組に対する介入を行ったことを隠すために、議事録を隠すことを行います。経営委員長は、経営委員会が終わった度に、経営委員会の議事録を作成し、すぐに公表しなくてはならないという義務を法的に負っています。これが放送法41条です。しかし、放送法41条にしたがって、議事録を素直に公表しては、上田良一会長に対し圧力をかけ、厳重注意をして、「クローズアップ現代+」を潰したということが世の中の人にばれてしまいます。

そこで森下さんは、この議事録を作成せず、公表もしないということにしたのです。32条違反の事実を隠すために、議事録も作らず公表もしない。41条違反をさらに繰り返す。これがこの問題の流れでした。

会長への厳重注意処分が発覚

経営会議議事録には一体何が書かれていたのでしょうか。2019年9月26日、毎日新聞が、２０１８年10月23日の経営委員会で会長に対する厳重注意処分があったことをスクープします。みんなが議事録を見ようとしてＮＨＫのウェブ・サイトを見に行くわけです。しかし、この日の議事録のうちから、その部分はカットされているわけです。議事の中身がわからない。そこでそれを見せろというのが、ＮＨＫに関心のある人たちの大変重要なテーマになっていきました。

ＮＨＫ独自の情報公開制度

ＮＨＫには独自に情報公開制度というのがあります。視聴者はＮＨＫの有する情報の開示を求めることができるという制度を、ＮＨＫは独自に設定をしています。ただしこれは「開示」であって「公表」ではありません。公表の義務を怠っている状態で、仕方がない、少なくとも中身を見せてくれということで、開示を求めるということになります。さあ、開示請求をしてすぐに出てきたでしょうか？　議事録がなかったのです。そうです。森下さんがこれだけの悪辣な32条違反をやったことを隠すために公表しなかったのですから、開示しろと言われて出したいはずがなく拒否。

しかし、ＮＨＫの中には審議委員会制度というのがあります。開示しなかった場合に、その不開示が相当であるかどうかというのを審議委員会がチェックするのです。審議委員会は大変気骨のある方々でした。そしてこの議事録開示相当であるという議決をします。それでも議事録を出さないのです。

本件訴訟を提訴

そこで、2021年の6月14日に第1次提訴原告104人で本件訴訟を提訴いたしました。するとこの直後に、この開示の求めに応じて「粗起こし」が開示されました。その後9月16日になって、第1次提訴に間に合わなかった方の原告10人がさらに追加されて、114人で訴訟提起しました。

議事録の内容の開示のための裁判を提起したら、開示された。これでもう終わってもいいかという感じもします。どんな請求の裁判であったのかというと、「クローズアップ現代+」をめぐって、2018年10月と11月のNHK経営委員会でなされた議論の内容がわかる一切の記録資料を出してくれと求めています。これが裁判での請求の対象ということになります。

そして、森下さんに対しては、あなたが本来あるべき議事録の開示請求権を妨害したのだから、あなたの不法行為として慰謝料1万円と弁護士費用1万円で2万円の損害賠償請求をしますということで、１１４人について2万円ずつ２２８万円の請求をしました。被告の釈明によれば、すでに開示済みの「粗起こし」は存在する。しかしそれはすでに開示をいたしました。その他は一切ない。これが被告の主張ということになります。

しかし、裁判の進展の中でいろんなものがボロボロと出たり、いろんなことが起きました。裁判所は広く網羅的な裁判の進行ということは嫌います。実際に強制執行を行おうとした場合に、何が開示対象だとわからないと、実際に強制的な手続きに入りにくいというのもあります。

そこで一審のうちに、請求の縮減を行いました。関連する資料一切ではなくて、第１３１５回から１３１７回までの3回の経営委員会の議事録――この二番目が上田会長の厳重注意のときですが、その議事録と録音データ、これを開示せよとします。

一審では議事録はないと認定

一審の判決で議事録はないという認定がされました。これは私たち裁判で工夫したところですが、議事録について裁判開示請求の裁判を起こし、勝っても負けてもいいと思っていました。勝ったら、つまり提出せよという判決が出たら、それは大勝利です。私たちは議事録を獲得することができる。負けたら、つまり、議事録がないから出さなくていいという判決が出たら、それ見ろ41条違反だ、森下さんの放送法違反が裁判所に認定されたぞと言える。私たちはどちらにしても、次の運動に繋げることもできる大きな成果を勝ち得るだろうと思っていました。

実際の一審判決は、議事録に関しては存在しないと裁判所は認定をしました。つまり41条違反を認めたわけです。そして、議事の録音データに関しては、消したという証拠がないから今も存在するはずだ。今もある出すべきものを出していない、けしからんから出しなさい、としてくれたのです。さらに、あるものを出さないのだから、それに対する損害賠償として1人2万円ずつ払いなさいと損害賠償も認めました。

私たちは裁判所による森下さんの41条違反であるということを事実上認める請求棄却判決と、そして録音データはあるはずだから出しなさいという認容判決と、ＮＨＫ・森下さんに対する2万円の損害賠償判決と、その全てを手に入れる、欲張りな一審判決を獲得することができたのです。

控訴審で議事録草案が出てくる

そして高裁に進みました。私たちは満足ですから控訴などしません。森下さんとNHKが控訴したわけです。その控訴審の中でいろんなものが出てきました。乙49から乙52というファイルが出てきています。これは「粗起こし」にとてもよく似たものだったのですが、「粗起こし」ともちょっと違うのです。一審では一言も言ってなかった議事録の作成経過を、控訴審になってから急に主張し始めます。

初めは「粗起こし」しかないということを主張していたのですが、実は「草案」を作っていましたと言い始めた。一審でこれ以外はないと大見得を切っておいてです。「草案」が出てくるわけです。私たちだけでなく裁判所まで騙しておいて、よくぬけぬけとこういうものを出してきたなと本当にずるいと思いました。彼らのいろいろな作業工程からすると、もしかしたらあと5バージョンぐらいあるのかもしれない。そのうち2バージョンが今回の裁判で出てきました。

あともう一つ非常に重要な情報公開制度全体の問題で、「ないです」と言えば出さずに済むのかという問題があります。放送法41条は議事録を作れということを経営委員長の義務として命じているわけです。あるかどうかわからないような文書の不存在が争われているのではない。放送法で義務付けられていて作らなければならないという義務がある文書を、作ってないという主張が許されるのかという問題です。

それからもう一つ、削除すれば開示しなくていいのかという問題もあります。情報開示請求というのは、今あるデータを開示するという制度ですから、現在、存在しないデータは開示しなくて良いということになっています。すると、元からないものも、削除してしまったものも、存在しないんだからしようがないでしょうと、いう話になります。これは、為政者やNHKや情報を管理している側が不誠実であると、制度が骨抜きになってしまいます。何の情報も出てこなくなる。開示したくない情報は削除すれば開示しなくて良くなるのか。大体削除されたのかどうか、それも相手方の中で全部起きていることですから、私たち探りようがないのです。削除していなくても削除したと述べれば、それで開示を避けられる、それは許されるべきではありません。

議事録削除はありえない

そもそも、削除するはずなんかないです。ちょっとデータの量の話ですけれども、10時間会議をやったとしても会議の録音の容量は、せいぜい500メガバイト、0.5ギガです。1年間に2回の会議をやったとしても、1年で2ギガにしかならない。秋葉原まで行けば、20テラバイトのハードディスクが数万円で買えます。こういうハードディスクを買ってくれれば、

１０００年分保管できるのです。日本の情報技術の頂点たるＮＨＫが、この程度のデータを保管できないはずがないです。法律上義務付けられた議事録です。そしてそれを作るにあたっては必ず多重の決裁を経ていく。前のバージョンを削除しますか。作業のミスを考えたら怖くてそんなことできるはずないです。

本当は発言しているのに「俺、そんなこと言ってないぞ」という内部での紛争になった場合、録音がなければ争えないじゃないですか。これを消しているはずがない。末端の事務局員が自分の判断で消すなんて恐ろしいことできるはずないです。そういう中で、被告らによる存在しないという調査も不適切極まりないものでした。こういう共有フォルダーの中にほら、ＭＰ３ファイルもm4AudioもWavファイルもないでしょう、というWindowsの検索結果を出してきました。他のフォルダーにあるのではないかとしか思えないです。大体最新の経営委員会のものもないのです。ここよりも古いのが消されてなくなっていますならともかく、１個の録音ファイルもないです。そりゃそこには保存しないのではないかとしか思えない。

間接強制

とにかく被告の主張は無理筋極まりない。このまま、音声データがないということを前提にして判決が出て、ＮＨＫに対して、ないデータについて開示命令がもし出たりすると、これは間接強制ということになります。データを開示するまで１日５０００円を払えとか、そういう執行方法になるのです。ＮＨＫとしては、後になって実はありましたから出しますよ、とは言えませんよね。それは存在しないと言ってしまったのですから。

そうすると、この原告の皆さんは永遠に、汲めども尽きぬ金の泉を手にしたかもしれない。ＮＨＫは本当にそれを心配したのです。本当に何億とか何十億、そして私たちに続いて同じ裁判を起こす人が大量に現れて、またＮＨＫに対する請求をしてくるのではないか。とんでもない経済的負担になるのではないかということを真剣に危惧していました。それも和解に応じる一つの大きなきっかけになったのだと思います。

和解条項

本日成立した和解では、本日開催の経営委員会の決議に従って議事録が公表されるということが第1項。そして第2項として森下は、合計98万円を原告らに支払うという内容です。これは皆さんのお手元にもあるでしょうか。和解調書の和解条項の第1項をご覧ください。ＮＨＫは、同経営委員会委員長作成の別紙差入書と題する文書を踏まえ、１４６１回経営委員会（つまり今日開催予定でしたが、きちんと開催をされました）において、予定されている別紙文書等目録記載の各文書の公表に関する決議に従って、ＮＨＫが運営するホームページ上で公表する。これが私たちの欲しかった公表です。ついにこれを獲得することができたわけです。

古賀さんのサインの入った差し入れ書という文書があります。古賀さんってこんな字書くんだという感じです。そしてその右側に古賀という判子が押してあります。そしてこの約束は守られました。今日の午後2時ごろ、私のところに森下さんの代理人の弁護士から電話があって、確かに今日の経営委員会で公表の決議をしました。これに基づいて事務手続きをします。明日の朝10時ごろ、議事録はホームページに載って公表される見込みですと伝えられました。

和解の第2項は森下さんについてです。解決金として1人1万円、合計98万円を原告らに支払うという内容です。元々一審判決は２２８万円だったわけですから、私たちは大体半分でどうだねということで、１００万円の支払いでどうかを最初に提案しました。すると森下さんから、いや、98人なのだから98万円にしてくれとねぎられました。私たちは2万円の値下げに同意をしたわけです。

もともと本訴訟における獲得目標を振り返って考えてみると、隠蔽されたＮＨＫ経営委員会議事録を公表させる。情報開示をさせるのではなく、ホームページに載せて誰でも見られる状態にすること、これが目標でした。そして、隠蔽した森下委員長、あるいは経営委員長代行の責任を明らかにすることでした。そして森下さんからは来年の1月17日までに98万円が振り込まれます。いずれも獲得することができました。完全に満足のいく内容の和解であると言えると思います。

不断の監視と批判で権力の暴走を止める

現在の法制度のもとでは、民事訴訟によって先ほどの目標の獲得は極めて困難なものでした。しかし、原告らの熱意のある取り組みが原動力となって、裁判所に問題意識を喚起し、そして、私たちの目的2つともを実現する本件和解に至ったということができると思います。多くの人による運動の成果であり、誇るべき成果だというふうに思います。国民の不断の監視と批判の努力が、権力が暴走しないようにするためにとても大切なことです。

情報公開制度の目的は、権力行使の実態を可視化することです。NHKの制度も同じです。実は、国が情報公開制度を作ったときに、NHKだけは別立てにされたという経緯がありま す。これは報道機関でもあるNHKは、たくさんの情報を持っていますから、国と同じように、情報公開をかけられるのはよくない、国とは違うやはり独立した報道機関であるということを配慮しなければならないと考えられたためです。

しかし、ＮＨＫは、そしてその立法担当者たちは、ＮＨＫが情報のブラックボックスであっていいとも考えなかったのです。ＮＨＫ独自に情報公開をする制度を作る。そしてそれは、審議委員会によって担保され、真面目に運営される。それが本件でも一定程度機能したわけです。

問題のＮＨＫ経営委員会の議事録の公表こそが、私たちにとって最も重要であり、そして公表までこぎつけることができました。ぜひみんなによく読んでいただきたい。すごいです。呼び出された上田会長が、「この問題はＮＨＫの存亡に関わりかねない大問題です」と、本当に絞り出すようなことを言っています。ぜひ多くの人に内容を見ていただいて、読んでいただいて、そしてどれほど不当な番組への介入が行われたのか、それをよく皆さんに確認をしておいていただきたい。

無自覚な人が経営委員に

そして、どれほどＮＨＫのあるべき姿について無自覚な人が経営委員として送り込まれているのか、そしてＮＨＫの放送の現場をむちゃくちゃにしているのかを、ぜひ理解していただきたい。そして、強くこれを批判していただきたいと思います。もちろん、32条違反に加担した当時の経営委員会のメンバーには強く反省するように求めます。

私たちは一層の監視、批判をしていきたいと思っていますが、先ほども申し上げた通り、NHKを壊そうと考えているわけではありません。真面目な報道、民主主義を守るためのNHKとして、現場で頑張っている人々を強く応援をし、連帯を表明して、その人たちを支えていきたいと考えています。

2　最終報告集会 記念講演

前川喜平

ＮＨＫ会長になり損ねた前川喜平でございます（笑）。2年ほど前に市民の皆様からご推挙いただきまして、「市民が推す会長候補」ということで支えていただいていただきましたけれども、経営委員会には何らその声は届くことなく、私が経営委員会で会長の候補として議論されることはなかったわけでございます。経営委員会の最大の仕事というのは会長を選ぶことです。ただ、ＮＨＫの経営委員会は、ほとんど放送法上の機能を果たしていないという状態なのだろうと思います。

第2次安倍政権からメディア介入が強まる

こうなったのは2012年の暮れに第2次安倍政権ができてからです。この安倍政権というのは恥も、外聞も、臆面もなく、メディアに介入しました。これまでの保守政権の中でも、かなり特異な政権なのではないかと思います。安倍さんという人はプーチンとも仲良かったですから、プーチンの手法を学んでしまったのではないかという気がするのです。森友学園問題、あるいは加計学園問題、桜を見る会の問題も、官邸主導で行われたことですけれども、一様に言えることは、情報を隠蔽しようとしたということです。本来あるべき文書がないというと、その文書がないと言い張るということだったわけです。

私が文部科学省を辞めたのは2017年1月ですけれども、ちょうど森友学園問題、加計学園の問題が国会で追及されている状況の中でのことだったわけです。私は文部科学省の天下り問題の責任を取って文科事務次官を辞めましたから、私自身は天下りしてないわけです。ですから自由に発言できるわけです。政府にはお世話になっていないという身分、今もそうですけれども、それで好き勝手なこと言っているわけです。

加計学園問題で忖度したＮＨＫ

加計学園問題については状況をよく知っていたので、いろいろと、非常に熱心なメディアの方々の取材を受けました。とくに私が熱心に取材を受けていた中で、テレビ局ではＮＨＫの社会部の記者さんたちは、ものすごく一生懸命、この加計学園問題を追っていました。私が持っていないような資料も、内部の情報提供者に接触して持っていました。それから新聞では朝日新聞、それから週刊誌では週刊文春です。この3つのメディアが、私の証言も取ってくれていたのです。朝日新聞と週刊文春はいよいよ２０１７年5月になって、これをまとめて公にしようとしたんですけれども、ＮＨＫは社会部の記者さんたちが本当に一生懸命取材してくれていたにもかかわらず、一切ニュースにならなかったです。２０１７年4月から5月にかけての話ですけれども、私の独占インタビュー映像も持っていたのですけども、それはもうお蔵に入ったままになって、今に至るまで放映されておりません。

私はこのときに政府の隠蔽体質も問題だけれども、この政府により寄り添うといいますか、一緒になって隠蔽に加担するＮＨＫも非常に問題だなと、私ごととして強く感じたわけでございます。

民主主義の根幹にある「知る権利」と「学ぶ権利」

私自身は教育行政を担当しておりましたけれども、教育行政に対しても安倍政権の強い政治的な圧力っていうのは、ひしひしと感じていました。保守政権全体として教育を何とか自分たちの都合の良いように支配しようという傾向は、ずっとあったわけですけれども、安倍政権はその傾向を非常に強めました。しかし私自身はどう考えているかと言えば、民主主義の根本には、「知る権利」と「学ぶ権利」があると思っています。

政府が何をやっているのか、権力者が何をやっているのかということを知らなければこれ、そもそも主権者である国民は、その権力の不正を正す判断ができないわけです。それから権力者がやっていることの意味がわからなければ、それも是正できないわけです。どんなにひどいことが行われていても、その意味がわからないのでは、主権者が主権者としての判断できなくなるわけで、そのためには学ぶということが必要なのです。

「知る権利」と「学ぶ権利」が、民主主義の土台だというときに、それを保障するのは「表現の自由」、そして「学問の自由」、それを十分に発揮できるメディアと教育というものが必要なのだと思っております。ですから、「メディアと教育の自由」というものが保障されることは、賢い主権者を育てるという意味で、非常に大事だと思っておりまして、日本の場合それが非常に危ない状況になっているなと思っております。これはメディアだけじゃなくて、教育も危ない状況なのです。

韓国の尹錫悦大統領のような人が日本に現れたときに、それを本当に止める力が日本の市民たちにあるだろうかと。これ非常に私は危うく思うわけです。それはメディアと教育が、国民を権力の従順な羊のように飼いならしてきたという、その共犯者だったと。「共犯者」という韓国の映画もありますけれども、その共犯者だというとになると思うのです。

かんぽ不正と並行して教育への権力介入が

「かんぽ生命保険不正販売」の問題は、NHKが2018年4月に最初に「クローズアップ現代+」で報道されたとき、大体同じような問題が同時にいろいろと起きていたわけです。安倍政権のもとでは、教育行政で言えばどんなことが起きていたかといえば、道徳の教科化というのがどんどん進められておりました。道徳の教科化というのは、国が作る道徳を、学校教育を通じて国民に押し付けていこうということですから、非常に危ないことなのです。あるいは大学に関して言えば、「稼げる大学」に変えていこうという、大学政策の大きな変更が起きていました。それから安倍政権の後の菅政権のことですけれども、学術会議会員の任命拒否ということが起きました。こういう教育や学術という分野に政治権力がこれまた臆面もなく介入していくことが起きたわけです。

私は非常に危ないなと、こういうことが繰り返されていけば、いつかプーチンのロシア、習近平の中国、あるいはアサドのシリアみたいな、独裁にいってしまうんじゃないかと。それを止める力を日本の市民が持ち得ていないのではないかと、こういう危惧の念を今でも抱いているわけです。やはりメディアと教育がしっかりしないと、民主主義が崩壊するではないかと思っているのです。

司法によるチェックも危うい

日本は一応、三権分立という国ではあるのですけれども、その三権分立によって権力に対してチェック・アンド・バランスが効いてです。独裁が起きないようにするという仕組みは、当然どのような民主主義国家でも必要でしょうけれども、日本の場合は議院内閣制ですから、どうしても立法府と行政府とは非常に近い関係になってしまう。ですから、もう頼みは司法府だってことになるわけですけれども、この司法府が危うくなっているわけです。やはり最高裁判所の裁判官の任命権は内閣が握っているということがありますから。国民審査で審査されるとはいっても、国民審査で罷免された裁判官は一人もいないわけです。安倍政権はトランプほどあからさまではないにしても、自分たちに都合のいい人を最高裁判所の裁判官に据えていこうという明確な姿勢を持っていましたから。

とにかく任命権、人事権というものを、すべて自分たちの権力を維持するために使おうという、そういうはっきりとした意思を持っていたのが、この安倍政権であり菅政権だったですから、裁判所も危ないじゃないかと、私はずっと思っております。今でも思っております。

良かった判決も出ている

しかし、時々、よくやったというような判決が出るわけです。この前の福岡の同性婚についての高裁判決もそうですけれども、私は高等裁判所以下の裁判所には、ある程度の信頼は持っております。最高裁判所も、思ったほど悪くないなと思うこともあります。しかし今、これまでの行政府に比べれば、司法府はまだまだ頼りになるなと。今回のこの勝訴的な和解も、東京高裁が放ってくれた一つのヒットだと私は思っております。

七生養護学校事件との類似性

私が教育行政の分野で思い起こすのは、今から13年前、２０１１年に出た七生養護学校事件の東京高裁判決です。これは非常に良い判決だったわけです。今回のこのＮＨＫの経営委員会の問題とよく似た構図がありました。七生擁護学校事件というのは、現場の教育の自由に不当な介入があったという事件です。七生擁護学校というのは知的障害のある子どもたちの学校で、非常に優れた性教育の実践が行われていた。それに対して、性教育けしからん、過激な性教育をやめろと。こういう都議会議員の声が高まって、それに同調したのが当時の石原慎太郎都知事であり、都教育委員会でした。教育委員会が手のひら返して、七生養護学校の性教育はけしからんと言い始めたわけです。

それまでは認めていたわけです。全国から非常に優れた教育実践だということで、見学者も来ていたのです。ところが石原都知事が、これはけしからんと言い始めた途端に、教育委員会が手のひら返して、やっぱけしからんと。これは過激な行き過ぎた性教育だ、なんてことを言い始めてです。何が起きたかというと、東京都議会の議員３人が、東京都教育委員会の指導主事を伴って学校に押しかけて、そこで性教育を行ってきた教職員たちをバッシングすることを言いました。そして、そこで使われていた教材を没収して帰るなんてことをやったわけです。

その後、東京都教育委員会は、まさに今回のこの厳重注意のような形なのですけれども、この学校の校長に対して処分をする。それからこの学校で性教育を行っていた教員も処分したわけです。その教員や学校の保護者たちが、この処分は不当であると提訴したのが七生養護学校事件であり、原告側からは「心と体の学習裁判」と呼ばれています。この2011年の東京高裁判決は確定判決になっています。この東京高裁判決は、東京都議会議員が行った行為は不当な干渉であると、不法行為だということで損害賠償を命ずると。そして東京都に対しても損害賠償を命じたのです。

そのときの理屈というのが、今回のNHK経営委員会の責任に関する判断とよく似ていると思います。教育委員会というのは、不当な介入が起ころうとしたときに、教育現場を保護する責任がある。つまり権力からの防波堤になるべき責任があるのだと。七生養護学校事件では、教育委員会が教育現場を守る防波堤としての役割を果たさなかったという問題があったわけです。

今回のこのNHKの問題も、経営委員会は本来防波堤であるべきなのです。日本郵政なんていう会社は、日本版オリガルヒみたいなものですけど、こういう権力と結びついた会社の上級副社長、元総務事務次官という権力の中枢にいた人物が――私も事務次官だったのですけど、あんまり権力の中枢にいたという気持ちはないですけど——圧力をかけてきたということです。こういうときに、それはできませんと言わなければいけないのが、経営委員会であるにもかかわらず、その経営委員会が一緒になって現場に圧力をかけることやったわけです。

これは七生養護学校事件で、東京都教育委員会が外部からの圧力に負けて迎合して、校長や教員の処分までしたというのとよく似ているわけです。それは不当な処分だということで、これも東京高裁ですけども、２０１１年の東京高裁判決は、処分を取り消すっていう判決を出したわけです。私はこういう判決が、この法的な責任をちゃんと明確にして、民主主義の本来の土台である教育の自由やメディアの自由というものを保障すると、この姿勢を私は歓迎すべきことだと思っていますし、日本の司法は、まだ何とかかろうじて生きているという気持ちをするわけで、これはまだロシアや中国やシリアのようにはなってないということだと思います。

しかしこのときの東京都教育委員会も情けなかったわけですけれども、ＮＨＫの経営委員会が、この森下さんという当時の委員長代行、後の経営委員長が、明らかに放送法違反のような振る舞いをしている。先ほどご説明があったように、放送法32条2項です。番組の編集に干渉しちゃいけないという、これにもう明らかに違反すること、この議事録の中にはそういう発言もあったと伺っておりますけれども、そういう放送法違反をしている。しかもその議事録を作成して公開するという、放送法41条にも違反していると。放送法違反を平気でするような人たちを、経営委員にしたということに非常に問題があるわけです。

問題は経営委員長一人の責任だけではない

私はこの森下さん一人の責任だけではないと思います。この人は本当に大きな責任を負っているので、私は98万円では全然済まないと、本来だったら98億円ぐらい取ってもいいかなと思うのですけども、しかし、他の経営委員も同罪だと言っていいと思います。

経営委員会というのは合議体であって、意思決定は合議で行うわけでありますから。教育委員会もそうです。教育委員会も5人ないし6人の合議ですけれども、合議体である以上はその決定については、全てのメンバーが責任を負わなければいけないわけです。ですから経営委員は全員が責任を負うべきだと。この法的責任がこの裁判で問われたのは森下さんだけかもしれないけれども、経営委員会の責任というのは非常に大きいと。他の経営委員も一人ひとりに胸に手を当てて自分の責任を考えろ、と言わなければいけないと思います。

しかし、その委員を誰が任命したってことになりますから、その任命者の責任はさらに重いと思います。非常に無責任な任命をしたということであって、それは結局、内閣総理大臣だった安倍晋三という人の責任になるわけです。もう亡くなってしまっていますから、「お前の責任だ」と言いたいところですが、そう言う相手がいないというには残念ですけれども、しかし、後継者たちがまだいますから、あのような経営委員の任命をしてはならぬということを言わなければならないと思うのです。

しかし安倍一強と言われていた時期というのは、安倍さんは国会での答弁で、意図的なのか間違ったのかわかりませんけれども、「私は立法府の長ですから」と言ったことがあります。あれは気持ちの中では「行政府の長だけではなくて、立法府の長でもある」という気持ちを持っていたと思うのです。圧倒的多数を握っている与党の総裁だというのは、言ってみれば立法府の長であると言ってもおかしくないような権限を握っていたわけなので。ですから立法府と行政府というのは、日本の議院内閣制のもとでは、どうしても同じ方向を向きがちです。

一強支配から与野党逆転に

ただ、やっとやっとです。衆議院で与野党が逆転いたしました。経営委員会の委員というのは放送法に基づくと、「公共の福祉に関して公正な判断をすることができ、広い経験と知識を有する者」を選ぶことになっているのに、森下さんみたいな人を選んだっていうのは、もうそもそも間違っていると思います。経営委員の任命する権限は内閣総理大臣が持っていますけれども、衆参両院の同意が必要だということになっていますから、衆議院で与野党が逆転したので、内閣総理大臣がかつての安倍さんみたいに、自分勝手に自分の都合の良い人ばかりを任命するということはもうできないです。与党は少数なので、与党だけでは国会の同意が得られないということが、衆議院では起こっております。ですから、ＮＨＫの経営委員の任命についても慎重にならざるを得ないでしょう。これは今回の総選挙の一つの成果だと思っております。

今回の勝訴的な和解については、本当に原告団と弁護団の皆様方には敬意を表すわけですけれども、これをさらに、やはり政治の世界の問題として大きく取り上げていってもらわなきゃいけないと。これは民主主義の根幹に関わることだということです。それをちゃんと野党が追及してくれれば、石破首相も安倍さんのような自分勝手なことはできないなと。石破さんは元々自民党の中では、党内野党的な人でもあったわけで、安倍さんの一強支配的な考え方に対しては批判的だった人でもあるだろうと思います。ＮＨＫをこの際、経営委員会の委員の人事から立て直していくという一つの機会が訪れているのかなという気がします。

こういう与野党が逆転したときに、この勝訴的な和解が成立したということは大きな意義があるのです。これまでの食い物にされてきたＮＨＫが、立ち直る一つの大きなきっかけになるではないのかなと、そうなれば私が会長ならなくても大丈夫だと、そんな気がしておるわけでございまして、この辺で私の話を終わらせていただきます。

3　勝利和解についての意見・発言

立派な一審判決で満足すべき高裁和解

弁護団　**澤藤統一郎**

地裁の一審判決では、私たちが予想していた以上の立派な判決をもらいました。高裁はこちらから和解を申し出て、私たちが最初に思っていたよりも、もっと私たちにとって満足すべき和解になりました。

私も長年、もう50数年弁護士やっていますけれども、こういうふうに報告できる機会はなかなかないので、弁護士としては大変良い事件に巡り合って、ずいぶん楽しく裁判をやらせてい

ただいたという思いです。
腹が立ったのは、私は率直に言うと安倍晋三という人物が大嫌いなのですけれども、安倍氏が自分の権力を乱用して官僚人事を壟断したとき、真っ先にこのＮＨＫの経営委員会の人選に手を染めて、めちゃくちゃにしていることです。こういうことを、改めて報道、あるいは教育もそうですけれども、権力からきちっと守られるべきものが、どうなっているかを監視する制度を、きちんと守っていきたいし、声を上げていかなければならないと痛切に感じました。そういう意味では安倍晋三というのに、一矢報いたなあという感じを、今日は強く思っています。

主権者国民がかちとった勝利

弁護団　**佐藤真理**

裁判で3年半だったのですが、非常に画期的な解決が出ました。一審判決も非常に素晴らしい。今年の2月20日でした。向こうが隠していたものについて、録音データを原告側に交付しなさいという判決だった。それと同時に、原告1人に2万円支払えという判決を出されたわけです。

この種の裁判で、電子データそのものを原告側に渡せというような判決が出るというのは、素晴らしいことだと思っていました。今回の控訴審でも、裁判所はそれにとどまらず、今日の和解でこれをホームページに掲載しなさいと。森下氏がよくこれを飲んだなと、正直私は思うのです。

一審判決のままでいけば、NHKは放送法の41条で作られなければならないと定められている議事録を、作成し公表しなければならないのに、やられないということになる。その状態が続く限りは、何度も訴訟も起こされ、原告1人2万円の損害賠償ですから、これはもう大変な金額になるということを恐れたのかも知れません。これを最終的に森下氏が飲んだということで、こういう形で控訴審の和解で、しかもこういう形でホームページにまで掲載しなさいということです。

そこまで追い込めたというのは、やはり原告団の皆さんが奮闘したこと、これが一番大きいと思います。結局、裁判長そして主任の裁判官も、森下さんが放送法32条2号違反、経営委員会が、番組に介入してはならないという規定に、あからさまに違反していると判断したのでしょう。そういうことを見て驚いて、これはやはり酷いなと、おそらく裁判所も思ったから、高いレベルの和解に至ったのではないでしょうか。裁判所も本当に一生懸命やっていただいたなと思います。

今年はいい終わり方できたなと思っております。これを活用して、こういう前例をやっぱり活かしていくと。国民主権を本当に具体化するためには、主権者国民が頑張らなければならにないわけですけども、そのことの一つの到達点として、今日の全面勝利の和解を勝ちとるかできたことを、ともに喜びたいと思います。

情報公開は民主主義の基礎

弁護団　**杉浦ひとみ**

裁判のことについてはもう今全て語り尽くされていると思うので、周辺部分の話として、報道機関が本当に私たちの「知る権利」に役立ってないという現状があると思います。

ＮＨＫが市民のために放送したものを、内部で制限するこういったことがあちこちに起こっています。テレビ朝日でも、今まで「ニュースステーション」とか、比較的良心的な番組の放送が行われていたにもかかわらず、おそらくは先ほど澤藤統一郎さんがおっしゃられたように、安倍政権あたりの頃からいろんなテレビ局への介入があって、たとえばキャスターの古舘伊知郎さんや、コメンテーターの古賀茂明さんが排除されました。

どの番組も本当に金太郎飴のように同じことしか放送しないという、今そういう形での報道機関のあり方に対して、今回のＮＨＫの問題は一石を投じたと思います。

テレビ朝日の件に関しては株主提案権というのを利用して、会社の内部から、もっとこうあるべきじゃないのかと、会社が良くなるために、報道機関が良くなるためには、もっとこうした方がいいではないかという提案をしていこうという活動を、今日ゲストの前川喜平さんにも共同代表になっていただいて一緒に行っています。報道機関が本当に私たちの「知る権利」に役に立ってないことについて、いろんな角度から闘っていくことが重要で、今回のＮＨＫ裁判の成果は非常に大きなものだと思っています。

それからもう一点、ＮＨＫという、報道機関としてすごく大きなところで、一塊として見てしまいがちなのですが、実は一審の裁判のときに、証人尋問、当事者尋問をやりましたときに、私たちはもちろん森下さんに対して非常に攻撃的な形で尋問をしたのですが、実は私たち以上にＮＨＫが森下さんに攻撃的だったのです。私たちがピストルで撃っていると思ったら、後ろからもっともっとＮＨＫが射撃しているという、そういう姿勢が見られました。ＮＨＫというのも一枚岩ではなくて、やはり内部には報道機関としての矜持というものを何とか保ちたいという勢力があって、その中でこの経営委員会っていうのが妙なところから力が加えられて、今の変質が起こっている。だから内部の情報もよく知りながら、私たちは報道機関を正していって、私たちのための「知る権利」に資する情報をもらうために、これからも頑張っていきたいと思います。

国会で人事同意した責任も問題

原告団幹事　**浪本勝年**

先程から、弁護士の方、前川喜平さんのお話を聞いていて、なるほどなあ、と思っております。前川さんが最後の方でお触れになりましたが、結局、問題はＮＨＫのトップです。その経営委員会を構成する経営委員の問題です。経営委員は、国会の同意を得て内閣総理大臣が任命することになっています。今回の訴訟では、この点に一番問題を感じました。

森下俊三経営委員については、委員長代行と委員長時に、いろいろ問題が発覚した人物です。政府はその人物を再度経営委員に提案したわけです。政府・与党を構成する自民党と公明党が、国会で多数のもとに賛成して、森下委員長を経営委員として再選しました。私は当時大変驚きました。森下さんもよく引き受けましたね。私だったら即刻辞退します。これですっきりしたい、と思いたいところです。

けれども森下さんは経営委員を引き受けました。森下さんも問題だと思いますが、その人物を政府が提案し、国会も多数の力で同意したのです。提案した政府も問題ですけれども同意した国会も問題です。私は『官報』を購読し、どういう人事が行われているのか見ています。国会同意人事の場合、多くは全会一致で同意となりますが、森下さんの場合、野党は賛成しませんでした。当然ですけどね。これは提案・任命する政府側・内閣総理大臣も問題ですが、不祥事発覚後に、経営委員を引き受ける森下さんもはなはだ問題です。両議院も森下さんに同意してしまったのですから、国会全体としては非常に大きな問題です。こうしたことをマスコミは大きく報道してほしいところです。

この種の国会の同意人事の問題などを指摘する報道はほとんどなかったように思います。ここに大きな問題があります。こういう点について、ぜひマスコミの方、それから私たち市民も大いに注意・注目していかなければなりません。こうした点は、調査しようとしてもなかなか困難なことです。でもしっかりと注意しつつ、注目していかなければならないと思います。

前川さんのお話の最後の方にありましたが、今年の総選挙で、少数与党という状況に我々追い込んだわけですから、政府・総務省がこれから先のＮＨＫ経営委員の候補者に、どういう人物を提案してくるのか、そして国会同意の際、議員たちがどう反応するのか、私たちも大いに注目しなければなりません。今後は、経営委員会に可能な限り好ましい経営委員を迎えて、経営委員会が前川さんを会長に任命するような状況にしたいです。

2年前の2022年、私たちは前川さんを会長候補に推薦しました。けれども前川さんご自身は、経営委員会から任命されるのは少々無理かなと思われていたかもしれません。しかし、今後は前回と異なり国会における勢力分野も大きな変化を遂げている状況になっていますので、お考えをお直しいただければ、ありがたいと思っております。

NHKを良くしていきたい

元NHK経営委員　**小林緑**

このたびの素晴らしい弁護団の方々のお働き、心より敬意を表します。本当にありがとうございました。先ほど前川さんがおっしゃいましたように、私はこのたびの衆議院選挙で与野党が逆転したにもかかわらず、石破首相が相変わらず政権にしがみついている、それがおかしいと悪口を言っていたんですけれども、そうではなくて、ありえないような逆転劇をもっとより良い方向に利用する、そういう柔軟な広い心を持って立ち向かっていかないと。NHKはもちろんですが、この恐ろしい世界の今の有り様を少しでも良くしていくことができないのではな

いかと思います。

私は一方的に批判してばかりいるところがあるのですけれども、歳を考えて少し冷静に長生きするように心構えを変えていきたいと思います。NHKの元経営委員という肩書きがいつまでも離れないのですが、これをあったことをなかったことにする、というのはNHKの得意技ですけれど、私はそれはできないです。この経歴を消すことはできないというのは宿命です。でも逆にそれを活用して、元経営委員として言うべきことは最後まで言っていきたいと思いますので、どうぞ皆様、ご協力いただければ嬉しいです。

受信料で給料を得ている経営委員の責任

放送評論家　**鈴木嘉一**

この問題が発覚するきっかけになったのが、2019年9月の毎日新聞のスクープです。僕は同業者として、これは本当に大きなスクープだったと思います。その後も、毎日新聞はずっとこの問題を継続して追っかけて、私はその頃は読売新聞を辞めていましたけども、ずっと見ていました。本当に、この毎日新聞の一連の取材については、同じ記者として本当に深く敬意を持っております。

それからもう一つ、この裁判の経過をフォローしていまして、私は原告弁護団が、証人尋問で森下さんのあの言葉をよく引き出したなと思います。それは、「森下さんにとって視聴者とは誰ですか?」と聞いたら、森下さんは「日本郵政の関係者は視聴者だ」と言ったのです。これはものすごく端的に、いったい森下さんはどういう人かを語る、これ以上の言葉はないと思うのです。本当によく引き出したと思うのです。私はそれを私のコラムでも書きましたけども、本当によくも抜け抜けと、それだけのこと言ったなという気がするのです。

ＮＨＫの経営委員会って、いくらもらっているかを考えますと、国民の働いている人の平均年収は４００万円台後半なのに対して、ＮＨＫの経営委員は、経営委員は基本的に月２回会議に出るだけで、それ以上もらっているのです。委員長はもっと、ものすごくたくさんもらっている。そのお金は、結局われわれの受信料から出ているのです。ものすごく手厚い報酬も受けているわけですから、その仕事を真面目にやっ

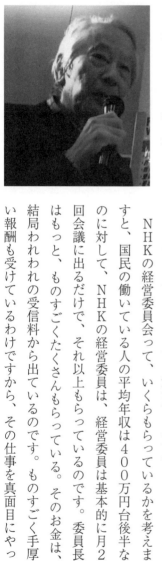

て当然です。それだけでも、国民に対して真面目にやらなくてはいけない立場と権限と責任を負っているわけです。

だから前川さんが、「経営委員会も防波堤」だとおっしゃいましたけど、全くその通りで、われわれの期待する役割を果たす義務と責任があると思うのです。責任があることをわかっているから、受信料からそれだけ払っているのです。

あと最後にもう一つです。そういう森下さんも含めて、かつて百田尚樹さんなんていう人が、驚くことに経営委員をやっていました。今度は日本保守党で政治家になろうとしますけれども。そういう人たちが会長に選んだのが、いろんな評判を呼んだ前田晃伸会長でした。あまりにも前田さんは毀誉褒貶がありすぎたもので——今の稲葉延雄会長は前田さんに比べると、ある程度はまともかなという感じはしますが——そういう人を会長に選ぶわけです。森下さんのような人が選んだ会長は前田さんだったように、そういう責任もはあると思うのです。単に裁判の勝ち負けではなくて、そういう面でも見ていきたいですし、また皆さんと一緒に、見ていかなくてはいけないと思います。

現場を蹂躙して被害も拡大した

武蔵大学教授　**永田浩三**

この会場にＮＨＫの現役のディレクターや記者たちは、なかなか姿を見せることができないわけですが、今回の和解を一番喜んでいるのはその人たちではないかと思うのです。今回の事件そのものは、放送現場が蹂躙されたことです。

私はＮＨＫに32年間居りました。「クローズアップ現代」という「クローズアップ現代＋」の前身の番組は23年続いたのですけれども、私は「クローズアップ現代」の編集責任者を８年間やりました。「クローズアップ現代」は報道局と制作局の２種類の制作チームがありまして、私が編責をやっていたのは、その制作局の方だったのですけれども、今回の「かんぽ生命保険の不正販売問題」の取材チームは、私の後輩の制作局の人たちです。

そもそも警察が動く前に、かんぽ生命保険の販売の現場で、非常に酷いことが起きていて、被害者が増え続けているということがわかって、つまり認知症の年配の方などが、言いくるめられて、必要性のない契約を何回も結ばせられているとかいうことで、それが数か所とかいうことじゃなくて、日本各地で起きている。警察はまだ動いていないという中で、情報をとにかく寄せてくださいということで、「オープンジャーナリズム」と言うのですけれども、タレコミをNHKがとにかく受け取って、現場にちゃんと足を運んで取材をして裏をとって、確かに不正な販売だということで、確証を持って放送に臨んだわけです。

1回の放送ではとてもすまないぐらいの被害の大きさ、これはもう「かんぽ生命保険」というか日本郵政の組織ぐるみの犯罪でもあるし、現場で売りつける郵便局員の人たちには、非常にきついノルマが課せられていました。つまり、現場の人たちもまた苦しんでいるのだという、構造的な問題だということを暴こうとしていたわけです。

結果的に2回目の放送がお蔵入りというか、延びてしまったことで、誰が被害を被ったのかというと、それは保険を売りつけられた人たちであり、また新たな被害に遭った人たちです。それを森下さんたちが、そういう被害を食い止めようとした放送の現場を蹂躙して、また被害が拡大したままに放置されることをした責任はとても重大で、その責任が問われていないと私は思うのです。

NHKの一番の価値は、私が身を置いていたときも、今もそうだと思いますけれども、真実を掴んできたディレクターや記者たちが、仮に職位は下でも、本当のことをちゃんと掴んできた人たちが尊敬され、尊重されるという現場だったということにあると思います。それを、経営委員長か何か知りませんけれども、会長に厳重注意を与えて、現場に圧力をかけて、放送をさせないということをさせた責任の大きさというのは、もっと責任を感じてもらい、責任を取って「悪うございました」と謝るぐらいは、ちゃんとすべきだと思います。議事録を公表して、それで終わりじゃないです。放送現場を毀損した責任は取るべきです。

今、前川さんがいろいろ言ってくださったことはその通りで、かつて安倍さんたち、あるいは菅さんたちが、いろいろな形で放送現場にチョッカイを出してきました。そういうことからすれば、今は少し圧力が減っているかもしれない。しかし今起きていることは、言われないのに忖度をするということが、番組制作でやニュースの現場であると思います。誰も言ってこないのに、その忖度をする現場の文化が、もう染みついてしまっている。この病の深さを何とかすべきだし、今回の和解そのきっかけになってくれると嬉しいなと思います。

情報公開請求はきっかけにすぎない

澤藤統一郎

今、永田さんがおっしゃった通りだと思います。情報公開請求というのは、あくまできっかけにしか過ぎません。つまり権力が何をやってきたのか、この場合は経営委員会が何を企んで、どういう議事をやってきたのかということを可視化する、それだけのことなわけです。ですから、もう情報公開制度で情報を勝ち取っただけで終わるのではなく、情報をどう活かすか、料理をするのか。それはまた新しいその市民運動、あるいは国民の批判の運動でなければならないです。そういう意味では裁判は、それだけのものでしかない。情報を私たちは勝ち取った。これをこれからどう活かすかということを、考えなければいけないと思います。

先ほどの前川さんのお話はとてもわかりやすくて、私ももう本当にその通りだと思いました。情報公開というのが、民主主義の基礎であることを、今日確認できたと思います。民主主義は情報を取って何かわかった、それでおしまいではないと思います。これから何ができるかを、皆さんと一緒に考え続けたいです。

おわりに

原告団幹事・事務局　**西川幸**

私は「NHKとメディアを考える会（兵庫）」の事務局を担当して、20年になります。そのきっかけは、2004年、長井暁さんによる番組改ざんの告発でした。「慰安婦」問題を扱ったETV特集「問われる戦時性暴力」が、安倍晋三ら政治家からの圧力に負けてNHK幹部が改ざんしたという事件です。

NHKテレビは、視聴者から見れば、楽しむもの、ニュースを知ることができる、そういう放送として見るものとしか思っておりませんでしたが、長井さんの告発で番組の裏には番組を作る人たちがいて、それをまた操作する人もいるというのが初めてわかりまして、見る側はしっかりしなければならないと視聴者の責任というものに目覚めました。

さらに、日本の社会はこの放送によって大きく政治が動かされていることも学ぶ中でわかってきまして、日本の政治の構図というものがはっきりと見えてきました。そういう意味でメディアと、その中心にある公共放送NHKの大切さを痛感しております。

この裁判が始まりまして、104人の原告団の団長から「事務局をしてくれ」と頼まれました。経験がありませんでしたが、ここにいらっしゃる弁護士の先生方は、おそらく事務所を持ちでしょうけれども、そこで働く事務職員の方は、おそらく一人とか二人と思われますから、私も法律事務所に勤めた経験から考えまして、今回のように、日本を代表する素晴らしい先生方であっても、無報酬に近い弁護団活動で、自分の事務所の事務職員さんにこの裁判の事務局をさせることはおそらく無理だろうと思いまして、原告への連絡事務くらいはできるかなと思いまして引き受けました。

ところが、とんでもないことでして、裁判の公判を聞いておりますと、これは早くニュースにして、原告とそれから私たちの会員さんに知らせなきゃならないということに気がつきまして、この3年半、「訴訟ニュース」を2025年1月で第8号まで出すことができました。第一審の判決のときには号外も出しまして、全国に千数百人に送るという、大作業を続けてきました。ニュースや各種名簿を作ってくださっている宮川さんという方は、他の活動と重複して、過労から胃がんになりました。それで今回の「勝訴的和解」の報告集を出したら、これで最後としてがんばると、報告集発行の準備をしています。それで今夜のレイバーネットのラ

イブ放送は、直ちに文字起こしをしてもらっております。

私としては、今度の裁判はもう思いがけないことでした。過去に、古森重隆さんがNHK経営委員長のときに、「国際放送においてに拉致問題を大々的宣伝せよ」という命令放送が出たときの総務大臣が菅義偉さんでした。後の総理大臣です、それでこれは大変だと、NHKが政府の言いなりに放送する、命令に従うということになっては大変だということで、裁判が起こりました。大阪にいらっしゃる阪口徳雄弁護士が、「裁判やるぞ、一緒にやらないか」ということで喜んで参加いたしましたが、最高裁まで行って「原告適格性」という問題で門前払いされました。これまで、視聴者がNHKに対して裁判したのは、受信料問題以外でもあると思いますけれど、放送内容についてはもうすべてて却下です。ここにいらっしゃる「NHK奈良裁判」を指導された佐藤真理弁護士は「NHKは放送法を守れ」と7年間も裁判されましたけれど、最高裁でやはり負けました。放送内容については判断できない、裁判に合わないという形で門前払いされるのです。

それが今回、視聴者の声が活かされた結果が出たということは、もうすごいことだと思っています。私は今までの経験から裁判官は物分かりがよさそうに思っても、おそらく最後の最後には、権力の顔を見て、私たちの主張を取り入れるはずはないだろうと思っておりました。弁護団の先生方は希望的な情報をくださいますけれど、最後まで危ない、と思っておりましたので、今度の「勝訴的和解」はもう望外の喜びでございます。

何より一番思いますのは、やはりＮＨＫで番組を作っていらっしゃる職員の方であろうと想像いたします。長井さんには、その現場の方々の痛切な叫びをすべて一身に寄せられていて、長井さんにおかれましてはこの3年半、ずいぶんと心身を削られてこの裁判に力を注がれたことだろうと想像いたします。そういう意味ではＮＨＫの職員の方々にも、私たちは大変な喜びを届けることができたかなと思って喜んでおります。

4　全面勝訴的和解成立の裁判を振り返って

民主主義を支えるＮＨＫを政治的介入から守る

弁護士　澤藤大河

訴訟で実現できることは、想像よりは遙かに少ない。特に、行政で行われているおかしな現実をただすためには、訴訟はとても無力であることが多いのです。

個人の侵害された権利を回復するための制度という民事訴訟の立て付けと、公的機関を律する行政法などの公法の取り合わせがあまりにも悪いのです。

個人の権利が害されていない以上、民事訴訟での救済は不要であるというのが伝統的な司法の考え方。また、行政機関等が、法律を破って平然としていることはありえないし、行政機関の公務員は適法になるように自律的に動くに決まっていると考えられてきました。

しかし、安倍政権以降、行政庁がおかしな振る舞いをしても、それを自らただすこともせず、むしろ開き直りを続けているのは周知の通りです。立法府たる国会ですら、憲法に明文で規定された臨時国会の招集要求を無視してはばからない訳で、どうにもならない。

実は、司法制度は、このような状況にとても無力です。

しかし、この訴訟を通じて、原告らは、経営委員会議事録のインターネットでの公表と、被告森下元経営委員長からの賠償を獲得する和解をすることができました。

経営委員会議事録のインターネットでの公表は、どんなに努力しても法的に請求する方法がなく、裁判の判決で求めることはできないものでした。

つまり、議事録のインターネットでの公表を含めた和解を勝ち取ることができたのは、裁判だけの力ではありません。真剣にＮＨＫのあり方を監視してきた市民運動があったこと、多くのマスコミがＮＨＫを厳しく批判する報道を繰り返してくれたこと、何より、原告らのたゆぬ世論への呼びかけがあったことです。誇るべき成果です。また、ＮＨＫが、不十分であったとはいえ、訴訟において、はぐらかさずに視聴者を尊重する訴訟態度を示したことも特筆すべきだと思います。

私たちは、ＮＨＫを壊すのではなく、日本の民主主義を支えるＮＨＫを政治的介入から守りたいのです。また、現場で真面目に番組を作っているスタッフに敬意を表し、このような方の熱意が潰されないようなＮＨＫに変わっていってほしいと思います。

美味しい夢の満腹感

弁護士　澤藤統一郎

貘は夢を喰って生きるという。弁護士も同類である。貘の夢は知らず、弁護士が喰う夢は、人権や社会正義や民主主義という理念である。この夢なくては餓えることになるとは言え夢はしょせん夢、見ようと思って見ることのできるものではなく、その中身も選べない。弁護士の夢も、事件の依頼がなければ形にならず幻に終わるだけ。時に大事な夢が、泡の如くはじけて消える苦い経験も少なくない。だからこそ、夢が実を結び、人権や社会正義や民主主義という理念の一端が現実のものになったときには、ひたすらに嬉しい。この充実感が生き甲斐なのだ。

ＮＨＫ文書開示訴訟は、思いがけない展開となって大団円となった。夢が大きく膨らんで、大きな夢がそのまま実現した。弁護士冥利に尽きると言ってよい。

一審判決は、請求の一部を棄却した。放送法によって作成が命じられ、必ず存在するはずの経営委員会議事録について、これが不存在なのだから開示を命じることはできないということだった。判決をもらってから気が付いたのだが、これは、全部認容の判決よりもインパクトが大きい。はからずも、経営委員会や、経営委員を任命した政権に厳しい批判の判決となっているではないか。原告側としても、裁判に勝つこと自体が提訴の目的ではない。経営委員会批判の立場からは、「全部勝訴以上の意義のある一部敗訴の一審判決」だった。

一審判決直後からの和解方針への転換は、正鵠を射たものだった。判決では、議事録らしきものについての「開示」は実現できても、ホームページへの「公表」の実現はできない。この和解成立は望外の成果である。文字どおり、「勝訴判決以上の果実を勝ち取った和解」であった。

あらためて思う。何を不当とし、何に怒り、何を目指した市民運動であったか。NHKという日本最大のマスメディアのあり方に、政権支配の危機を敏感に感じ取った市民が、国民の知る権利を勝ち取ったのだ。その手段が、情報公開制度だった。まさしく、「経営委員会が最も隠したいとしたこの議事録こそが、最も視聴者・国民にとって公開が必要なもの」であった。

弁護士としてこの事件に携わったことは好運であった。国民の知る権利実現の追求は、弁護士の夢であり糧である。民主主義擁護の立場から出番を与えてくれた原告団に感謝するしかない。

実に美味い夢を喰った。栄養も満点、満腹だ。しばらくは、これで餓えることはない。

風車に挑むドン・キホーテ
NHKは報道機関としての矜持を取り戻して

弁護士　**杉浦ひとみ**

そもそもテレビ放送は取材力も伝播力もある影響力のあるメディアだ。特にNHKはその中でも巨大な力を持ち、私たち市民の手の届かないところで多くの情報を獲得し報道されている。それは、適切に入手された内容で視聴者に正確に伝えられているもの、そう思っていた。だから朝日新聞が2005年1月に、安倍晋三と中川昭一（ともに故人）がNHKの番組「ETV2001」に政治的圧力をかけたという記事を掲載し、次いで長井暁ディレクター（当時）による内部告発の記者会見を見た時には衝撃を受けた。報道の自由が政治的な圧力に歪められることへの問題の大きさに、初めて報道・表現の分野に関わることになった。今回の事件は、私にとってそれ以来の大きな事件だった。

巷でかんぽ保険の不正販売で高齢者が食い物にされる事件に警鐘を鳴らすＮＨＫの番組が、あろうことか食い物にしている側からの横槍によって中断させられたのである。しかもその中断にＮＨＫの中枢機関である経営委員会が関わったという事件である。毎日新聞がこの経営委員会での（番組制作を歪めるに至った）会長叱責の一部始終をスクープしたのである。ＮＨＫ内部でのこのような事態が発覚するとは「天網恢恢疎にして漏らさず」である。

内部にこの情報を漏らさねばならないと英断した者がおり、それを得るまでの人脈を紡いできた記者がいたということである。法的に取り組もうと立ち上がったのは「ＥＴＶ２００１」事件で声を上げた人も多かったのではないかと思うが、後にこの原告団の事務局長となったのは「ＮＨＫにはもうかかわるまいと愛想を尽かしていた」という件の長井さんだった。

多くの市民も原告となった。しかしながら、裁判という手続きをもって、マスメディア内部の機関に真っ向から切り込むことは法手続上は至難だった。今回、和解という形で、闇に葬られようとしていた経営委員会の番組編成への介入事実が、はからずもＮＨＫと森下俊三氏自身によって明らかにされたことは想定外の結果であり、マジックのようだった。

しかし、巨大なマスメディアの不正を許さず市民が必死に立ち向かうことは、風車に挑むドン・キホーテのようであっても、正しい道を拓くこともあることを証明できた。ＮＨＫには報道機関としての矜持を取り戻してほしい。まだまだＮＨＫに対する市民の信頼は高いのだから。

司法が主権者国民の自由と権利を護るために絶大の力を発揮

弁護士　**佐藤真理**

三権分立と言われるが、議院内閣制のもとでは、内閣を組織する与党の力が相対的に大きい。政府追随の傾向にある司法の力はやや弱いように見える。しかし、違憲立法審査権を持つ司法は、主権者国民の自由と権利を護るために絶大の力を発揮することもある。

本件はまさにその典型であろう。一審の大竹敬人裁判長、二審の舘内比佐志裁判長及び間史恵主任裁判官と、裁判官に恵まれたのは幸運だった。

２０１５年以降、私は2つのＮＨＫ裁判に携わってきた。１つは放送法遵守義務確認請求の奈良裁判である。２０１７年12月6日の最高裁大法廷判決が、「受信契約の締結を義務付けている放送法64条は合憲」と判示したが、ＮＨＫのニュース報道番組の放送内容については、まったく判断しなかった。奈良県民１２６名がＮＨＫを被告として、放送受信料を支払う代わりにＮＨＫは「政治的公平・事実を曲げずに報道する、意見の対立している問題について多角的に論点を明示する」などの「番組編集準則」を遵守して放送する義務があること（有償双務契約）の確認請求とＮＨＫの13項目のニュース報道が同準則に違反し違法であると損害賠償請求を提起した。一審判決はＮＨＫの主張を斥けて原告の請求は「法律上の争訟」にあたり、「司法審査の対象となる」と認めたが、一般的抽象的権利に過ぎないとして、訴えを却下し、損害賠償請求は棄却した。最高裁まで闘った運動の記録を昨年、『政権に忖度するな！ＮＨＫ〜奈良ＮＨＫ裁判　7年間の軌跡』と題して出版した（日本機関紙出版センター）。16名の研究者やジャーナリストらの貴重な論考も含まれており、ぜひ、目を通していただきたい。

２つ目が本件である。大衆的裁判闘争では、「モ・べ・ヒ」の団結が大事だと言われる。「モ」は支援者、「べ」は弁護士、「ヒ」は当事者（刑事事件なら被告人、民事事件では原告団）である。長井事務局長を筆頭に、多士済々の原告団が素晴らしかった。全国各地の視聴者団体のリーダー達が多数、名を連ねられ、白熱した議論が積み重ねられた。支援者では、ＮＨＫＯＢの方々の力強い支援に勇気をいただいた。ＮＨＫ情報公開・個人情報保護審議委員会（藤原静雄委員長）の二度にわたる「全面開示すべき」との議決文の民主主義に対する揺るぎない識見の高さに敬意を表したい。

情けないのは、森下であり、後任の古賀信行経営委員長である。自らホームページで適式の議事録を公表しながら、「（議事録を読んでも）私は番組介入したという感じはほとんど受けていない」とコメントしたというのでは、先が思いやられる。

ＮＨＫを国民のための公共メディアとして再生させるために本和解を契機に、いっそう尽力したいと決意を新たにしている。

5　テレビを再び輝かせるために、私たちは何をすべきか

長井暁

1　NHK文書開示裁判の成果をどう活かすか

NHKの「かんぽ不正」報道問題の経緯

2018年4月24日、NHKは「クローズアップ現代＋　郵便局が保険を〝押し売り〟!?～郵便局員たちの告白～」を放送して、郵便局員によるかんぽ生命保険の不正販売問題（以下「かんぽ問題」）を伝えました。しかし、その後も郵便局員による不正販売が続いたために、放送現場は8月に続編を放送しようと、7月上旬に情報提供を求める30秒の動画2本をSNSに掲載します。すると、日本郵政3社からNHK会長あてに抗議の書状が届きました。この抗議を

主導したのは日本郵政の鈴木康雄上級副社長（元総務事務次官）でした。これを受けてＮＨＫは８月３日に続編の放送を延期し、動画の掲載も中止することを決定しました。しかし、被害者が増え続けることに危機感を抱いた放送現場は取材を継続し、10月末に金融商品トラブル全般を取り上げる番組の中で「かんぽ問題」を取り上げようとしました。

現場が放送を諦めていないことを知った鈴木上級副社長は、今度はＮＨＫ経営委員会に働きかけます。森下俊三委員長代行（当時）を訪ねて相談し、経営委員会あてに「ガバナンス体制を改めて検証し、必要な措置を講じてほしい」とする書状を送ったのです。

その結果、10月23日に開催された経営委員会で石原進経営委員長が、「郵政３社にご理解いただく対応ができていないことは遺憾」として、上田良一会長に厳重注意を与えたのです。

この厳重注意は放送に大きな影響を与えました。２日後の10月25日に上層部から放送現場に、「かんぽ問題」をすべてカットするようにとの指示が出されたのです。その結果、10月30日に放送された「クローズアップ現代＋　あなたの資産をどう守る？　超低金利時代の処方箋」には、「かんぽ問題」は一切登場しませんでした。

ＮＨＫが「かんぽ問題」の続編を放送できたのは、２０１９年の６月に日本郵政が不正販売を認めた後の、７月31日「クローズアップ現代＋　検証１年　郵便局・保険の不適切販売」となりました。その間にもお年寄りを中心に、被害者は増え続けていたのです。いつでも放送できるだけの材料を持ちながら、それを1年近くも放送しなかったＮＨＫは、「被害者を見捨てた」と言われも仕方がなく、公共放送としては極めて痛恨の出来事となりました。

しかし、経営委員会が会長へ厳重注意を与えた事実は隠され、議事録は非公表とされました。その事実が初めて公となったのは、２０１９年９月26日の毎日新聞のスクープ報道でした。この報道をきっかけにこの問題は国会でも取り上げられました。

これを受けて、報道機関や視聴者が経営委員会議事録の非公表部分の開示をＮＨＫに求めました。これに対しＮＨＫは、「ＮＨＫの事業活動に支障を及ぼすおそれがある」として開示を拒みます。しかし、再検討の求めを受けたＮＨＫ情報公開・個人情報保護審議委員会（以下、「審議委員会」）は２０２０年５月22日に、「本件議事録を公開したとしてもＮＨＫの事業活動に支障を及ぼすおそれがあるとは言い難い」として、開示を求める答申を出しました。

しかし、経営委員長となっていた森下俊三氏は議事内容の要旨を議事録に追記しただけで、開示に応じようとはしませんでした。すると、「審議委員会」は２０２１年２月４日に、「開示すべきである」とする二度目の答申を出します。「審議委員会」は追記した文書について、「一部のみの不完全な開示である」「要約された文書は開示の求めの対象文書との同一性を失ったもの」とし、「対象文書に手を加えることは制度上予定されていないことであり、それは対象文書の改ざんというそしりを受けかねない」と、経営委員会の対応を厳しく批判したのです。

しかし、この二度目の答申が出されても森下委員長はこれに従おうとせず、開示に反対し続けました。業を煮やした私たち市民グループは2021年3月17日、NHKに開示を請求し、不開示の場合は民事訴訟を起こすことを表明しました。

この動きにNHK執行部は危機感を抱いたようで、前田晃伸会長が3月22日に衆議院総務委員会で、「経営委員会がこの答申を尊重すると言っておりますので、そこの結果を見たいと思います。尊重しないということであれば、別のことを考える必要があると思います」と答弁しました。

執行部と呼応するようにNHKの監査委員会が動きだします。5月11日の経営委員会で高橋正美監査委員は、弁護士と検討した結果として、経営委員会が「審議委員会」の答申と異なる議決をする場合、「NHKの定款に違反する恐れがある」「その際にはヒアリングを行い、その調査結果を公表することになります」と述べ、答申に従うように求めました。

それでも森下委員長は全面開示に反対し、「マスキングをしての一部開示」の方向に議論を誘導しようとします。すると、5月25日の経営委員会で高橋監査委員は、「もう答申が出たあとなので、それを覆すのは非常に難しいです」「情報公開規程の中には『審議委員会の出した答申を尊重する』というのがあり、尊重義務違反になってしまう可能性がある」と説得します。しかし、森下委員長は「基本的に非公表は全部だめということになると少し極端過ぎます」と抵抗し、結論は出ませんでした。

6月8日の経営委員会で高橋監査委員「マスキングをしての一部開示」では、「審議委員会の答申を尊重したと認めることは、非常に難しいという判断をしています」と説明し、ついに「定款に違反するというふうに認められることになりますと、放送法第60条の2、放送法違反とみなされるおそれがあるという論拠になります」と、放送法違反という言葉を使って答申に従うように強く促しました。ここに至って森下委員長はようやく全面開示の方針を受け入れますが、この日に議決は行なわれませんでした。

NHK文書開示等請求訴訟の経緯

6月14日、市民グループ約100人が、会長厳重注意にかかわる「一切の記録・資料」の開示と、損害賠償（慰謝料）の支払いをNHKと森下俊三委員長に求めて、東京地方裁判所に提訴しました。

6月22日に経営委員会はようやく、会長を厳重注意した時の3回の経営委員会の議事録の非公表部分の開示を決定しました。しかし森下委員長は、「これはあくまでも議事録ではなくて、議事の経過を記録したものという整理です。だから、すでに公表している議事録を変えるつもりはありません」と述べました。つまり、「開示はするけれども、公表はしない」というのです。実際に、ＮＨＫのホームページには、その後もこの議事録は掲載されませんでした。

開示された文書（粗起こし）は、７月９日に私たちに届きました。47頁に及ぶ開示文書には、森下委員長の意向を反映し、「対象文書は、公表する議事録とは異なり、内部の作成の過程に位置づけられる資料であり、整理、精査されていないだけではなく、経営委員会での確認を経ていないものです」などとする別紙が添えられていました。

開示された文書からは、厳重注意を与えた経営委員会で森下委員長代行が、「番組の取材を含めて極めて稚拙」「取材はほとんどしていない」「極めてつくり方に問題がある」など、経営委員が個別の番組の編集に干渉することを禁じた放送法第32条に違反する発言を繰り返していたことが明確になりました。また、その事実を隠すために、森下委員長が「審議委員会」の答申に従わず、最初の答申から13か月間にわたって議事録の開示を拒み続けたことが浮き彫りになりました。これは、放送法第41条「委員長は、経営委員会の終了後、遅滞なく、経営委員会の定めるところにより、その議事録を作成し、これを公表しなければならない」にも違反する行為でした。

訴訟を提起したことによって、議事録（粗起こし）の開示を実現したことは、私たちにとって大きな成果でした。しかし、原告団が協議した結果、あくまでも正式の議事録の公表と、森下委員長の責任の明確化を求めて裁判を継続することになりました。その後、ＮＨＫ文書開示請等求訴訟の一審は約2年半にわたって続き、その間、8回の口頭弁論が開かれ、原告は11の準備書面を提出しました。

裁判は途中から、経営委員会の議事内容を記録した録音データの存在が一つの焦点となります。原告が録音データは現存するはずであり、会長厳重注意に関する「一切の記録・資料」に含まれるとして開示するように求めたのに対して、被告森下は「議事録が完成すれば録音データは不要となるので消去した」と主張しました。しかし、「何時、誰が、どのように消去したのか」についての説明はありませんでした。

2023年6月7日に開かれた第7回口頭弁論では、森下俊三経営委員長の証人尋問が実現します。

森下委員長は、「今回の番組は取材も含めて、極めて稚拙といいますかね。さっき、取材が正しいという話もあったけれど、取材はほとんどしていないです」と発言したことを認めた上で、「これは単なる過去の番組に対する感想を述べているだけであります」と述べました。

さらに、「本当は彼ら（日本郵政）の気持ちは、納得していないのは取材の内容なんです。こちらに納得していないから、経営委員会に言ってくる」と発言したことも認めた上で、「あくまでのガバナンスの議論をしております」と供述します。

森下委員長は原告代理人に、「あなたは、視聴者目線という言葉を使っている。この視聴者目線とは誰のことですか?」と問われると、「視聴者です」と答え、さらに「誰、視聴者って?」と問われると、「これについては郵政3社から苦情を受けましたので、郵政3社も視聴者の一部であります」と答えます。さらに原告代理人から、「あなたが言う視聴者の中に、郵政の社長や上級副社長が入っていることはわかった。この被害者となった人たちの目線は入っているのですか。入っているのかいないのかどっちですか?」と問われると森下委員長は、「いや、番組の内容ですから、それは入っておりません」と述べました。

「かんぽ生命保険の不正販売の被害者は視聴者に入っていない」とも受け取れるこの供述に、傍聴席からは「えー」という驚きの声が上がりました。

官邸によって任命された財界出身の経営委員長にとって、政権や日本郵政のような権力こそが重要であり、視聴者など眼中にないことを如実に表したやりとりでした。

この証人尋問の後の2023年8月2日に、原告は準備書面と2019年10月の野党合同ヒアリングの動画と、その内容の書き起こし(部分)などの証拠を提出し、録音データは存在していて、その開示判決がなされるべきであると主張しました。

証拠の動画を視聴した裁判官は、8月9日に開催された進行協議で、「録音データが過去に存在していたことに争いはない。削除したと被告が主張するのであれば、被告において消去したことを立証すべきである」との心証を述べます。

しかし、9月12日に被告森下が提出した準備書面には、「録音データは当該議事録への署名後速やかに消去された」と従来の主張を繰り返すのみで、録音データの削除についての具体的な主張はありませんでした。

裁判の判決は、2024年2月20日に東京地裁で言い渡されます。その主な内容は、被告NHKに各議事内容の録音データを開示するよう命じるとともに、録音データを開示しなかったことは、被告NHKの債務不履行、被告森下の不法行為を構成するとして、被告NHKと被告森下に、各原告に対して2万円の損害賠償の支払いを命じるものでした。

その一方で、非公表部分の正式な議事録は作成されていないとして、原告の請求を棄却しました。つまり、現状が放送法第41条違反状態にあることを裁判所が認定したのです。

録音データについて裁判所は、非公表部分の正式な議事録がまだ作成されていないのだから、その議事経過（粗起こし）の記載内容の正確性を担保する必要性が残っており、録音データを保存する必要がなくなったとはいえない。録音データが存在したことについては争いがないので、それがいずれかの時点で削除されたことが立証されない限り、現在もNHKの役職員が録音データを保有していると認められる、としました。原告勝訴の画期的な判決でした。

被告NHKと被告森下は判決を不服として直ちに控訴しました。控訴人NHKは4月17日にたった2頁の控訴理由書を提出したが、控訴人森下氏は期限を1か月以上過ぎた5月22日に、

31頁の控訴理由書と、NHK経営委員会の協力を得て収集したと思われる大量の証拠を提出しました。その証拠のほとんどは、本来は一審で提出されるべきものでした。

被控訴人（一審原告）は7月10日に40頁の控訴答弁書を提出し、7月17日に控訴審の第1回口頭弁論が東京高裁で開かれました。

被控訴人（一審原告）の代理人は、NHKの健全な発展と自由な放送を願う立場にあり、「粗起こし」を経営委員会の手続きを経て正式な議事録としてNHKホームページに公表するのであれば、和解は可能であると述べました。

その後、裁判長が「非公表部分の確認や署名は行われないという、公表部分とは異なる手続きが行われてきたのか」と質問すると、控訴人森下の代理人は、「異なる手続きが行われていたが、現在は改められた」と述べました。すると裁判長は、「それならば問題の議事録も、現在の手続きに即して、正式の議事録として作成するべきではないか」と指摘します。

その後、裁判所からの和解の勧試を受けて和解協議が断続的に進行し、12月17日に和解が成立しました。

和解の主な内容は、控訴人NHKは経営委員会の決議に従い、会長厳重注意をめぐる議事録をNHKホームページに公表すること、控訴人森下が和解金として被控訴人（一審原告）に各1万円（合計98万円）を支払う、というものでした。

裁判の成果をNHKの再生にどう活かすか

市民グループがカンパだけを頼りに3年半にわたって取り組んできた裁判が、公共放送NHKの運営の透明性を確保するための情報公開を実現し、情報を隠蔽した経営委員長の責任を明確にするという画期的な成果となりました。

本来、裁判では情報開示を求めることはできても、公表を求めることはできません。しかし、一審で録音データの開示と損害賠償の支払いを命じる原告完全勝訴の判決が言い渡されたことを受けて、被控訴人（一審原告）は和解協議を有利に押し進めることができました。その結果、情報開示裁判では獲得することが難しい公表を実現することができたのです。

この和解の成立を受けて、1月17日に開催された経営委員会での決議を経て、会長厳重注意にまつわる3回の議事録は、1月18日にＮＨＫホームページに公表されました。これで、ＮＨＫのホームページにさえアクセスすれば、誰でも議事録を閲覧できるようになったのです。

公表された議事録から浮かび上がってくるのは、ジャーナリズムについても、公共放送についても、放送法についてもあまり見識を持ち合わせていない経営委員たちによる、レベルの低い乱暴な議論の実態でした。そして、一部の委員が疑義を唱えていたにもかかわらず、石原進経営委員長と森下俊三委員長代行は、強引に上田良一会長に厳重注意を与えたのです。

2018年10月に起こったこの出来事は、本来は外部の圧力からの防波堤となるべき経営委員会が、日本郵政という不正販売を行なっていた外部企業と一緒になって執行部に圧力をかけ、NHKの放送の自主自律、番組編集の自由を損ねた事件でした。

その議事の中で森下委員長代行は、経営委員が個別の番組の編集に干渉することを固く禁じた放送法第32条に違反する発言を繰り返していました。さらに経営委員長になってからは、NHKの「審議委員会」が「開示すべき」との答申を出したにもかかわらず、それを無視し続けました。議事録を作成せず、会長厳重の審議過程を隠蔽し続けたことは、経営委員会の議事録の遅滞ない作成と公表を定めた放送法第41条に明確に違反する行為です。

今回の裁判の結果を受けて、今後NHKの経営委員は、放送法第32条に違反するような言動は厳に慎むようになるでしょうし、経営委員長が議事録を隠蔽することは難しくなるでしょう。現在の古賀信行経営委員長は12月17日に開催された経営委員会で、「このようなことが今後起こらないように最善を尽くしていきたいと思います」と述べています。

今回の和解で、森下氏に解決金として原告1人に各1万円（合計98万円）を支払わせたことにも大きな意味があります。日本社会では多くの場合、個人が行なった違法行為の責任は、組織の影に隠れて追及されることがあまりありません。NHK経営委員会は合議体の組織ですから、その決定については12人で構成される経営委員会の責任ということになり、なおさら個人の責任を追及することが難しいのです。今回、解決金の支払いという形で個人の責任を明確にできたことは、経営委員に「違法な行為を行なえば、自身の責任を追及される可能性がある」という緊張感を持たせ、今後いっそう放送法遵守を徹底させる効果があるでしょう。

この裁判の過程に明らかになったもう一つの点は、公共放送ＮＨＫの最高意思決定機関である経営委員会の機能不全でした。２０２２年夏になると、前田晃伸ＮＨＫ会長は1期で退任し、同年12月には新しいＮＨＫ会長が任命されるとの報道が出ました。そこで、この裁判の原告の多くが参加して、市民が次期ＮＨＫ会長を推薦する「前川喜平さんを次期ＮＨＫ会長に！」という運動を展開しました。しかし、２０２２年12月に経営委員会が次期会長に任命したのは、元日銀理事の稲葉延雄氏でした。

ＮＨＫの会長の任命は、経営委員会の最も重要な役割です。しかし、公表された経営委員で構成される会長指名部会の議事録を見ると、まったく主体的に人選をした形跡がないのです。稲葉会長を任命するにいたる9回の指名部会の議事録をみると、第1回（7月26日）には会長任命にかかわる内規を確認して、委員全員が誓約書に署名。第2回（8月30日）には現行の内規に沿って手続きを進めることを確認。第3回（9月13日）にはＮＨＫ次期会長の資格要件について意見交換。第4回（9月27日）にはＮＨＫ次期会長の資格要件について合意。第5回（10月11日）には現前田会長から業務状況の説明を受け確認しています。ところが、本来であれば人選が佳境に入る10月25日開催の第6回から、11月25日の第8回までの指名部会は停滞し、今後のスケジュールの確認などしかしていないのです。官邸から候補者が示されるのを待っているのです。そして12月5日の第9回の指名部会で、推薦受付期間内に提出された現任会長以外の次期会長候補者の推薦者が開封され、推薦者が経歴および推薦理由の説明を行い、資格要件、欠格理由などに照らして審議を行なったとあります。その後、無記名の採決を行なったところ、指名部会委員の過半数の賛成を得たのは稲葉延雄氏（元日銀理事）1名のみでした。その場で森下委員長が稲葉氏に電話をかけ、その日の午後に行なわれる経営委員会への出席を求め、内諾を得たというのです。そして経営委員会で稲葉氏と質疑を行い、12人の経営委員の全員一致で稲葉氏を次期会長に任命することを決定しているのです。完全な出来レースと言えるでしょう。

経営委員会が所定の手続きを経て次期会長を任命したように見せかけていますが、実際に稲葉氏を指名したのは岸田文雄総理大臣（推薦したのは宮澤洋一・自民税調会長）であったことは、読売新聞などの報道によって明らかになっています。

こうした官邸主導のＮＨＫ会長の任命は、この３年前の前田晃伸氏がＮＨＫ会長に任命された時も同じで、公表されている指名部会の議事録は、文言までほぼ同じ内容なのです。

つまり、経営委員会は外部勢力と結託して執行部に圧力をかけるという絶対にやってはいけないことをする一方で、経営委員会の最も重要な役割である会長の任命で、まったく責任を果たしていないのです。経営委員会の機能不全は明らかです。

なぜ、経営委員会はこのような状況に陥ってしまったのでしょうか？　それは第1次安倍晋三政権の時に、菅義偉総務大臣が安倍晋三総理大臣と相談して、古森重隆氏（富士フィルム出身）を恣意的に経営委員長に据えて以降、安倍氏を応援する財界人の集まり「四季の会」や、安倍氏を応援する学者・文化人・教育関係者などが次々と恣意的に任命され、官邸の指示を唯々諾々と受け入れる経営委員ばかりになってしまったからです。

ＮＨＫの経営委員は国会の同意を得て、内閣総理大臣が任命する仕組みになっています。以前は総務官僚が、地域や職域、男女のバランスなどを考えて候補者を選び、それを内閣総理大臣が国会の同意を得てそのまま任命していました。しかし、安倍政権のような何でも数の力でゴリ押しするような乱暴な政権が登場すると、いくらでも恣意的な任命ができてしまうのです。

そうした委員によって構成される経営委員会は、官邸が指名する人物を当然のように次期ＮＨＫ会長に任命するようになってしまったのです。

会長厳重注意を強行した石原進経営委員長（ＪＲ九州出身）は「四季の会」のメンバーですし、森下俊三委員長代行（ＮＴＴ西日本出身）は菅義偉氏と強いつながりがある人物として知られています。

このような経営委員会は、「四季の会」のメンバーや、政権に近い財界人を6期にわたってNHK会長に任命し続けているのです。

現在の経営委員長である古賀信行氏（野村証券出身）は、昨年2月に経営委員になると、いきなり互選で経営委員長に選ばれます。経営委員になったばかりの人物がいきなり委員長に就任したのは、あの古森氏以来のことです。古賀氏が経団連の審議委員会議長などの要職を歴任してきたことなどを鑑みれば、やはり政権により任命された人物なのでしょう。

その古賀委員長は和解の成立によって公表された議事録を読んで、「私は番組介入したという感じはほとんど受けていない」と述べたそうです。このような委員長の下で、経営委員会が健全化することはあまり期待できそうもありません。

経営委員会の機能不全を改めるためには、委員の任命の仕方を改める必要があるでしょう。委員の任命については放送法第31条に、「委員は、公共の福祉に関し公正な判断をすることができ、広い経験と知識を有する者のうちから、両議院の同意を得て、内閣総理大臣が任命する。この場合において、その選任については、教育、文化、科学、産業その他の各分野及び全国各地方が公平に代表されることを考慮しなければならい」という曖昧な条文があるだけです。そのため、安倍政権のような乱暴な政権が出てくれれば、いくらでも恣意的に解釈・運用することができてしまうのです。

経営委員の任命については、与野党が同意できるような有識者の中から候補者を選び、公聴会などで意見を聴いた上で任命する仕組みに改める必要があるでしょう。そこには当然、ジャーナリストや放送の関係者、公共放送やメディアの研究者なども含まれるべきではないでしょうか。

2　どうすればテレビを立ち直させることができるのか

人々が知りたい情報を伝えないテレビ

今ほどテレビに対する激しい批判が人々の間に巻き起こったことはかつてないでしょう。その原因の一つは、「テレビが人々の知りたがっている情報を伝えていない」「テレビはさまざまな真実を隠している」のではないかという不信感があります。昨年11月の兵庫知事選挙で起こった出来事には、人々のテレビ不信も影響があったと思います。

パワーハラスメント疑惑などで県議会から全会一致で不信任決議を受け、9月末に失職した斎藤元彦氏が、動画投稿サイト「ユーチューブ」などのSNSで発信される情報を通じて大きな共感を得て、再選を果たしました。

テレビ局は政治的公平にこだわるあまり、選挙が告示されると、選挙関連の番組の放送を極端に減少させてしまいます。その空白の隙をつく様に、SNSでは斎藤知事のパワハラを告発した内部通報者や、県議会の百条委員会の委員を誹謗中傷するデマ情報が拡散されました。その結果、SNSでは「斎藤氏ははめられたのだ」「マスコミは不都合な事実を隠している」といった言説が広まり、これを信じた多くの有権者が斎藤氏に投票したとされています。

たとえば総選挙公示日翌日のNHKと在京民放キー5局の選挙関連の番組の放送時間は、2005年の総選挙の約9時間から、2024年の総選挙の約4時間半と、20年で半減したという調査結果があります。たしかにテレビは選挙の告示後は、選挙に関する情報を伝えなくなってしまっているのです。

なぜ、このようなことが起こっているのでしょうか？　私はそれには2014年から16年にかけて起こった第2次安倍政権による、放送法第4条を使ったテレビへの攻撃が大きく影響を及ぼしていると見ています。

放送法第4条とは、番組編集にあたって守るべきルールを定めたものです。

一　公安及び善良な風俗を害しないこと。

二　政治的に公平であること。

三　報道は事実をまげないですること。
四　意見が対立している問題については、できるだけ多くの角度から論点を明らかにすること。

この条文はできた時の経緯や、表現の自由を定めた憲法第21条との関係から、法規範ではなく、放送局が自主的に守るべき倫理規範であることは明らかです。

倫理規範であることは郵政省も国会答弁で長年認めてきました。ところが1993年に「椿事件」（テレビ朝日の椿報道局長が「非自民政権が生まれるように報道しよう」と発言したとされる事件）が起こると、郵政省は「放送法第4条は法的規範たりうる」と主張するようになります。

そして2014年になると、安倍政権によるこの放送法第4条を使ったテレビへの攻撃が始まります。

総選挙を控えた2014年11月18日、安倍総理はTBSの「NEWS23」に出演しました。番組では政権が進める経済政策「アベノミクス」が総選挙の争点になるとして、「街の声」を紹介します。「景気回復を実感しているか」を尋ねたところ、6人中5人が「実感していない」と答えました。すると安倍総理は、「これって選んでますよね」「これ、おかしいじゃないですか」と色をなして反論し、「アベノミクス」の成果についてまくしたてたのです。

2日後の11月20日、自民党の総裁特別補佐の萩生田光一・筆頭副幹事長は、福井照・報道局長との連名で、在京テレビキー局の編成局長と報道局長宛に、選挙報道で偏りがないように求める文書を送りつけます。そこには、

・出演者の発言回数及び時間等についての公平を期していただきたい
・ゲスト出演等の選定についての公平中立、公正を期していただきたい
・テーマについて特定の立場から特定政党出演者への意見の集中などがないよう、公平、中立を期していただきたい
・街頭インタビュー、資料映像等で一方的な意見に偏る、あるいは特定の政治的立場が強調されることのないよう、公正中立、公正を期していただきたい

などという、放送法が定めた「放送番組編集の自由」を無視した、驚くような内容が記されていました。

この出来事以降、テレビ各局には「選挙報道は面倒だから、なるべく避けておこう」という雰囲気が蔓延して行きます。

そうした流れが決定的となったのが、2016年2月8日の高市早苗総務大臣による、政治

的公平を欠く放送が繰り返された場合に放送法第4条違反として、電波法第78条に基づく電波停止を命じる可能性がある、との国会での答弁でした。高市総務大臣の電波停止を命じる可能性を示唆したこの発言により、NHKと民放テレビ各局に衝撃が走ります。テレビ局にとって「電波停止」は経営的な死を意味するからです。

さらに4日後の2月12日に総務省は、これまで「政治的公平は放送局の番組全体を見て判断する」としていた解釈を変更し、「極端な場合は、その一つの番組だけで政治的公平を判断できる」とする政府統一見解「政治的公平の解釈について」を公表します。

この「電波停止発言」に震撼したテレビ局は、安倍政権の嚇しに屈服してしまいました。2016年3月には政府に批判的な姿勢を貫いていた報道番組のキャスターやプロデューサーたちが次々と番組を外されます。NHK「クローズアップ現代」の国谷裕子キャスター、TBS「NEWS23」の岸井成格アンカー、テレビ朝日「報道ステーション」の古舘伊知郎キャスターが降板したのです。

この出来事以降、NHKは政権に忖度する報道を繰り返すようになり、民放各局の報道番組からも、政権に批判的な報道はすっかり影を潜めてしまいました。そして、自民党から攻撃されることを恐れて選挙報道での公平公正にこだわるあまり、告示以降は選挙に関する報道を極力控えるようになってしまったのです。

しかし、兵庫県県知事選挙は告示後にＳＮＳで大量のデマ情報が拡散され、それが選挙の結果に大きな影響を及ぼした事実を見れば、テレビは告示後も選挙報道を積極的に続けるべきで、少なくとも選挙に関連してＳＮＳで拡散されている情報に関するファクトチェックを行い、間違った情報を直ちに指摘する必要があるでしょう。そうすることで、テレビは「有権者が求める情報を必要な時に伝えている」と思われることが、人々のテレビへの信頼を回復する第一歩となるのではないでしょうか。

芸能人による性加害を隠蔽してきたテレビ

もう一つ、テレビが芸能人の性加害に加担し、それを隠蔽してきたことが人々のテレビへの不信の大きな原因となっています。これは、テレビ局の人権意識の欠落と、ガバナンスの崩壊という問題でもあります。

２０２３年8月29日、ジャニーズ事務所は第三者委員会（外部専門家による特別チーム）からの『調査報告書』の提出を受けて、ジャニー喜多川氏によるジャニーズJr.の少年達への性加害の事実を認めて、謝罪しました。この『調査報告書』では、「メディアの沈黙」が被害を拡大した要因となったことも指摘されていたことから、長年にわたって沈黙してきたテレビも激しい批判を受けることになりました。これ以降、民放各局はそれぞれに社員からの聞き取りなどに基づいた番組を放送して、なぜこの問題を報道しなかったのか、社員とジャニーズ事務所との間に不適切な問題がなかったかなどを説明し、社長や幹部が出演して、報道機関としての情報発信の徹底や、人権尊重の意識向上への取り組みなどを約束します。

ところが、外部の弁護士が入った特別調査委員会による調査・検証を行い、再発防止策を公表したのはＴＢＳだけでした。しかし、このＴＢＳの特別調査委員会も日弁連のガイドラインに沿った第三者委員会ではありませんでした。

さらに深刻だったのが、ジャニー喜多川氏の少年たちへの性加害に大きな責任があるＮＨＫが、第三者委員会を設置しての調査・検証どころか、まともな内部調査を行って公表することがなかったことです。

ジャニーズ事務所の『調査報告書』によれば、少年たちはオーディションでジャニーズJr.のメンバーとなり、「合宿所」と呼ばれる施設などで性被害に遭っていました。ＮＨＫは「ザ少年倶楽部」などの番組制作のためとして、放送センターの西館7階にあるリハーサル室を、通常の番組制作では考えられないほど頻繁に、長時間にわたってジャニーズ事務所に使用させ、まともに管理していませんでした。そのため、リハーサル室では民放の番組のリハーサルや、事務所のコンサートのリハーサルまで行なわれていました。さらに、ジャニーズJr.のオーディションも頻繁に行なわれ、それにＮＨＫの関係者はまったく関与していませんでした。ジャニー喜多川氏は「ザ少年倶楽部」への出演という「餌」で少年たちを誘き寄せ、NHKのリハーサル室で「狩り」を行い、原宿にあった合宿所などで「捕食」していたのです。まさに、公共放送が子どもへの性加害に加担してしまったという深刻な事態でした。NHKは公共のリソースであるリハーサル室を、なぜジャニーズ事務所に自由に使わせていたのか、性加害に気が付いている職員がいたのに、なぜそれが長年放置されたのか、調査・検証して公表する責任があります。

しかしNHKの稲葉延雄会長は、記者会見で記者から第三者委員会を設置しての調査・検証の必要性を指摘されても、「放送をめぐって問題が起きた場合、報道機関として自主自律を堅持する立場から、あくまで自ら原因や背景を解明し、再発防止を行うことが必要だと認識しています。今回についても自主自律の観点から、第三者委員会のようなものを設置して調査すると言うことではなく、番組やニュースで取り上げて皆様にご報告していく。そういうスタンスを堅持したいと思います」などという意味不明の説明を繰り返し、第三者委員会の設置を頑なに拒み続けているのです。

イギリスの公共放送BBCは、2012年にBBCの番組の人気司会者だったジミー・サビル氏による少女に対する性加害が発覚した時、直ちに第三者委員会による調査・検証を行い、BBCのシステム上に記録されていた文書3万点を集め、関係者19人への聞き取りを行い、9

週間で1000ページもの報告書を作成し公表しました。さらにBBCは、800人以上の関係者に連絡を取り、380人以上から証言を得て793ページに及ぶ2つ目の報告書を作成し、信頼回復に務めました。この報告書の作成のためにかかった費用は、約11億7000万円でした。BBCを手本としてきたNHKは、子どもへの性加害への加担という公共放送の危機に直面した時に、BBCを見習って調査・検証を行い、再発防止を期することがなぜできないのでしょうか。

今、中居正広氏と女性とのトラブルをめぐって、フジテレビが大きな非難を集めています。ジャニー喜多川氏による少年への性加害が大きな問題となったとき、テレビが沈黙し続けたことが被害を拡大させたと批判され、すべてのテレビ局が二度とこのようなことを繰り返さないと宣言したはずでした。ところがNHKを含む全てのテレビ局は、この問題について2025年1月9日に中居氏がコメントを発表するまで一切報道しませんでした。結局、テレビ局はジャニー喜多川氏の性加害問題を経ても、何も変わっていないことをさらけ出してしまったのです。

この問題でフジテレビが激しい批判に受けるきっかけとなったのは、1月17日に開かれた港浩一社長の記者会見でした。まず批判されたのは、フジテレビが記者会見に様々な規制をかけた点でした。この会見にはラジオ・テレビ記者会と東京放送記者会の加盟社（1社2名まで）の参加しか認めず、この問題を熱心に追及して来た週刊誌やネットメディアを締め出しました。さらに中継どころか映像撮影もNGとし、写真撮影も冒頭の短時間のみで、情報の解禁も会見の終了後としたのです。

しかし、参加者をラジオ・テレビ記者会と東京放送記者会の加盟社に限定しているのは、NHKの会長定例記者会見も同じなのです。私は以前よりこの記者会見に出席して質問したいと希望していますが、NHKは私たちフリーランスの出席を絶対に認めません。

また、フジテレビは第三者である弁護士を中心とする調査委員会を設置して調査・検証を行なうと表明したものの、記者の質問に「日本弁護士連合会が定めているガイドラインに基づく第三者委員会ではないと思う」と説明したことも大きな批判を浴びます。しかし、前述したように、ジャニー喜多川氏の性加害とテレビ局の関係が問題となった時、日弁連のガイドラインに沿った第三者委員会を設置して調査・検証したテレビ局は一社もありませんでした。結局、フジテレビの親会社であるフジ・メディア・ホールディングスは1月23日に臨時の取締役会を開催し、日弁連のガイドラインに準拠した第三者委員会を設置することを決定し、3月末をめどに調査結果を出すと表明しました。

さらに、1月27日のやり直しの記者会見では、港社長が中居氏と女性とのトラブルを2023年8月に把握してからも、中居氏への聞き取りを行なわず、その後、1年半にわたって中居氏を番組に出演させ続けていた事実も大きな批判を浴びました。港社長は、「女性のコンディションが良くなく、番組の終了がどう刺激してしまうかわからなかった」という驚くべき釈明をしました。中居氏をフジテレビの番組に出演させ続けることが、女性を傷つけることになるとは考えなかったのでしょうか。港社長はトラブルを把握した後も、コンプライアンス部門の担当者に知らせていなかったことも明らかになりました。このような人物を社長に据えるフジテレビという組織は、人権意識が極めて低く、ガバナンスが崩壊している組織と見られても仕方がないでしょう。

悪しき慣習との訣別と、放送の独立性の確保

今回の中居氏と女性とのトラブルに端を発するフジテレビの問題は、ジャニーズ問題と地続きの問題であり、テレビ局全体の問題ということができるでしょう。今、すべてのテレビが、芸能界との長年の付き合いのなかで培ってきた悪しき慣習を根絶しなければ、テレビはますます人々の信用を失い、生き残ることができないでしょう。悪しき慣習を根絶するためには、すべてのテレビ局が日弁連のガイドラインに準拠した第三者委員会を設置して調査・検証を行い、再発防止策を策定するしか方法がないように思われます。膿を出し切ってこそ、テレビの再生は可能なのです。

もう一つの、「テレビが人々の知りたがっている情報を伝えていない」「テレビはさまざまな真実を隠している」のではないかという不信感を払拭するためには、テレビがあらゆる権力から独立し、何でも自由に報道することができるような環境を作ることが必要です。

日本では放送行政を政府の一省庁である総務省が監理しています。先進7か国（G7）でこのような制度をとっている国は日本だけです。日本以外の国では政府から独立した行政委員会が放送行政を監理しているのです。テレビは報道機関であり、政治権力を監視する役割が期待されています。しかし、日本ではそのテレビ局が政治権力から監視されるという、矛盾した事態が起こっているのです。それが、前述したような政権によるテレビへの攻撃を可能とさせ、テレビが政権に忖度した報道を繰り返し、選挙報道を控える状況を生み出されているのです。

実は日本にもかつて放送行政を監理する電波監理委員会という独立行政委員会が存在していました。戦前戦中にラジオが政府や大本営の発表を垂れ流し、国民を悲惨な戦争へと駆り立ててしまったという反省から、放送行政を政府から切り離し、放送の独立を堅持しようとしたのです。ところが1952年に日本が独立を果たすと、時の吉田茂政権は電波監理委員会を廃止し、放送行政を郵政省に移管してしまいます。吉田総理大臣は、世論を政府に都合良く誘導するために、放送を政府のコントロール下に置いておきたいと考えたのでしょう。

しかし、テレビが政権へ忖度した放送を繰り返し、選挙報道に消極的になっていることが、テレビに対する人々の不信を招き、ＳＮＳで拡散されるデマ情報が選挙結果を左右する状況が生まれている今、放送行政を独立行政委員会に移管し、テレビが何ものにもとらわれず、自由に放送できるようにすることが、喫緊の課題だと思われます。それを実現することが、人々のテレビへの信頼を回復し、テレビがふたたび輝きを取り戻すことにつながるのではないでしょうか。

資　料　公表されたＮＨＫ経営委員会の議事録（抜粋）

解説　公表されたＮＨＫ経営委員会の議事録について

長井暁

今回公表された議事録は、経営委員会による会長厳重注意に関連した3回（2018年10月9日・10月23日・11月13日）の、これまで非公開とされてきた議事録である。

10月9日の経営委員会では、郵政側から届いた10月5日付の書状の情報共有がなされた。この会議で森下俊三委員長代行は、「公共メディアを標榜している限り、一番重要なのは情報の信頼性、報道の正確性なので、一方的な意見だけが出てくる番組はいかがなものか」「公共メディアとしての基準みたいなものを、経営委員会として議論して執行部に言わないといけない」と発言している。「情報の信頼性」「報道の正確性」を理由に、執行部のガバナンス問題としてであれば番組制作に介入しても良いと認識していたことがわかる。

10月23日の経営委員会に関する文書は、35ページもの膨大なものである。この議事録からは、森下代行が会議をリードし、放送法第32条に違反する発言を繰り返していることは明らかである。森下代行自身も、「本当は彼らの気持ちは納得していないのは取材の内容なんです。納得していないから経営委員会に言ってくる」と、これがガバナンス問題ではないことを正直に述べている。この話を受けて村田委員も、「森下代行が言われたように、やっぱり彼らの本来の不満は内容にあって、内容についいては突けないから、その手続論の小さな瑕疵のことで攻めてきている」との認識を示している。その後、上田会長が退出し、石原委員長が郵政側に送る「経営委員会は本日、ガバナンス体制をさらに強化するとともに、視聴者目線に立った視聴者対応が行われるよう、必要な措置を講ずることを厳しく伝え注意しました」などとする書簡の文面案が読み上げた。佐藤委員から「視聴者目線に立った視聴者対応」というくだりについて「郵政の方は別に視聴者じゃない」と疑義が呈せられ、しばらく文言に関するやり取りが続いた。さらに佐藤委員は、「何か普通のこういう手紙、たまたま郵政3社長だからこうなっているけど、それほどのことじゃないような気もする」「ほかの人にはこんなこと絶対しないですよね」という根本的疑問が投げかけられるが、森下代行は、「ガバナンスの話で経営委員会のほうに来ているわけだから、ガバナンスに対しては経営委委員会として対応する」と頑として引かなかった。郵政宛の書簡と、会長注意の文章の修正が成ったところで、上田会長が再度入室し、石原委員長は会長注意の文書を読み上げ、口頭で上田会長に厳重注意を与えた。

11月13日の経営委員会では、石原経営委員長が上田会長に注意を与え、郵政各社に遺憾の意を示す文書を送った結果、日本郵政の鈴木上級副社長より経営委員会宛に今回の一連の件について、感謝の文書（11月13日付）が届いたことを報告し、文書の内容を共有している。その文書では番組の管理のあり方について触れていたため、委員からは鈴木氏が「放送関係にいらした方なのか」という質問がなされ、石原委員長は「総務省の次官をした方」「非常に詳しい方」との説明がなされている。

和解成立によりＮＨＫホームページに公表された３回の経営委員会議事録（抜粋）

ＮＨＫ経営委員会　委員

第１３１５回～第１３１７回（２０１８年10月～11月）

石原進　委員長

森下俊三　委員長代行
井伊雅子
槍田松瑩
小林いずみ
佐藤友美子
堰八義博
高橋正美
中島尚正
長谷川三千子
村田晃嗣
渡邊博美

第1315回　経営委員会　委員のみの会（2018年10月9日）【出席委員11人】

森下代行　私も見てちょっと奇異だなと思ったのは、日本郵政が詐欺まがいの商売をやっているという、そういう番組だったんですよね。それが要は、お客様とか高齢者の方の保険の更新をするのに、新しい、乗り換えたほうが有利ですよとかいって、実際は損しちゃうとかね。それから金額が、更新すると保険金が減ってしまうというか、最終的には受け取るお金が減ってしまうだとか、そういったちょっと非常に詐欺まがいというようなことをやったという番組だったんです。

森下代行 さっき言った奇異に感じたというのは、さっきオープンジャーナリズムの取材のやり方で、そういう番組は見たら分かる、これぜひ後でまた見られると思うんですけど、インターネットだけで取材をしてそれで番組をつくるということが、本当はちゃんと取材になっているのかと。インターネット・SNSを使う人といったって、まだ世の中的には一部と思わないといけないからね。だから、取材のあり方についてもやっぱりよく考えないといけないと思うので、そういったことについては、こういう問題が提起されるということに対して、適切な取材のあり方というのは、経営委員会でも意見を言うべきだと思うんですよね。（中略）それともう一つ、公共メディアということを標榜している限りは、一番大事なのは情報の信頼性というか、報道の正確性なので、そういった意味で一方的な意見だけが出てくるという番組はいかがなものか。だから、ここで言われているガバナンス体制の話があるので、やっぱり経営委員会として議論すべきなのは、こういうケースをベースにしてきちんと報道の信頼性、いわゆる言論だったら言論は、ある程度、立場があって意見が分かれてもいいんだけれども、そこをしっかり踏まえたつくり方をすべきだというのは、公共メディアとして基準みたいなものを、経営委員会として議論してきちっと執行部に言わなければいけないんだろうと。（中略）ぜひ経営委員会で公共メディアとして放送の基準とはどうあるべきなのか、どういう番組のつくり方をやるべきなのか、取材はどういうふうにきちんとやるべきなのか、一度そういうところを執行部と議論をして、しっかりした枠組みをつくるという、そういう意思を表明することが、この郵政に対する回答にもなるというのが私の意見です。

森下代行　やり方として、僕は非常に乱暴なやり方だなと、その番組を見たときにね。

中島委員　郵政側に対しての取材がなかったということですね。

森下代行　それは現場の取材をしていないんですね。要するに郵政の幹部に対する取材というか、それだけだから。

佐藤委員　ちゃんと取材を尽くしたわけではないんですね、最初のやつも。

森下代行　だから足で稼いでやっているというんじゃなくて、インターネットで来た意見をベースに自分たちで動画をつくって、それをまた流して、それでそれに対してまた意見を聞いて、それでまた番組をつくったということで…

第1316回　経営委員会　委員のみの会（2018年10月23日）【出席委員12人】

高橋委員・監査委員　本件の情報が危機管理対応窓口の部長、制作担当部局の局長、木田放送総局長・専務理事、上田会長にいち早く報告されており、組織対応がなされていることから、協会の対応についてガバナンス上の瑕疵があったとは認められないと判断致しました。

井伊委員　配布された『クローズアップ現代＋』の資料を見て、（中略）郵政の幹部の方たちがＮＨＫのガバナンス体制云々を言う前に、自分たちの会社のガバナンスはどうなんですかということを、正直、これを見て思ったところです。

森下代行　ちょっと2点ありまして、一つは、今回の番組は取材も含めて、極めて稚拙といいますかね。さっき、取材が正しいと言う話もあったけれど、取材はほとんどしていないです。4月の番組を見たときというのは、これはＳＮＳ、いわゆるインターネットで出てきたものを自分たちでストーリーをつくって映像を流して、また、それで意見をもらってということで、今度は郵政の幹部をインタビューしているだけなんですね。実際、現場へ行っていないんです。そのインタビューしたものを一部だけ捉えているから、全く詐欺行為だとか、自分たちに合うようなストーリーで言葉をとっているわけですよ。それで郵政の連中が怒っちゃったわけです（中略）結局ね、この番組の取材も含めて、僕は今回、極めてつくり方に問題があると思うんだ。

石原委員長　郵政の３社長が来たら、ＮＨＫは会長として直接何らかのきちんとしたアクションを示すべきではないかと。これはガバナンスができていないという、ほかの言葉で私はあらわせない、非常に重要な問題だと思います。

佐藤委員　経営委員とか監査委員の役割なんですけれども、今って番組が結構フューチャーされて、その番組がというところから発生していますけれど、番組であるとすれば、やっぱり経営委員として何か言えるということが実はないんですよね。（中略）１人の言ったそういう間違いとか番組が、そのまま、じゃ、例えば会長が謝っていないということで、ガバナンスが悪いなどというふうに、結びつけていいのかという。

高橋委員・監査委員　「これは、皆さんもご存じのとおり、個別の番組にタッチしていくということは基本的にできないということなんですけれども、何で今回、私が動いたかというのは、あくまでもガバナンスについて、ＮＨＫ内部で、どのような指示事項があったかということで、本来は番組とは、番組から次、ガバナンスの話になっているんですね。したがって、この番組とは切り離した上で、あくまでガバナンスがどのようにきいていたかということを私は確認に動いただけで、この番組のことがどうなっていたかということは一切何も触れていません。

石原委員長　ご存じのように、今話が出ていますように、放送法の29条1項の2つがありましてね、「役員の職務の執行の監督」、これは佐藤さんのおっしゃったところですよね。執行の監督で、では、どうやってやるのかと。これ、われわれの責務。（中略）役員の職務の執行の監督というわれわれの仕事の面から、そこに間違いがあれば正す。

上田会長　個別の番組の放送内容にかかわる事柄については、従来どおり、返答を差し控えさせていただきたいと思いますけれども、業務執行にあたりましては、引き続き適正に対処するように全力を傾けたいと、こういうふうに思っています。

石原委員長から上田会長に口頭で厳重注意が伝えられる。

上田会長　個別の番組に関するいろんなやりとりに関して、非常に慎重に私のほうで対応しているので、一般的な局から見れば、ちょっと対応がというところがあるのかもしれませんが、先ほど監査委員からのご報告で、ガバナンス上の問題はない、瑕疵があったとは認められない、というご報告があって、要するに私がガバナンスとして、これは私が問題点をしっかり捉えて対応できているようにお伺いしているんですが、ガバナンスといったときに、具体的に例えば番組の編集の過程のところをしっかり見ていけと、そういうお話になってくると、なかなか個別でいろんな、ＮＨＫの場合、いろんな番組にありとあらゆるご意見を頂戴しますので、必ずしもこれが特別というわけじゃなくて、これは多くの意見の中の1つということなんです。したがって、私が例えば通常のコンプライアンス、こういうガバナンスは非常によく分かるんですが、こういうことをいろいろとやっている過程の中で、個別番組の絡むような形でのガバナンスということになると、私のほうとしてもなかなか対応が、実際やる、やらないは別です。外に向かってそういうことをやりますというようなことを宣言するのは非常に難しくなってくると思うんですけれども。

石原委員長　ただ、やはり相手が全く納得していない。相手の抗議文書みたいなのが送られてきた。その中にガバナンスのことを真っ先に取り上げている。ガバナンスの中身が何かというと、正式に3社の連名で1つは連名で、上田会長に対してこういうことがあったけども、なぜですかと問い合わせ、並びに番組の取り下げをお願いしているわけです。取り下げについてはおやりになったけれども、正式の答えは会長としては何もしていない。

上田会長　先方との話は8月4日に植平社長にもお会いしていますけれども、8月3日までに一応要求されているようないろいろなことを全部処理できて、現場で一応解決したという報告を受けて、それで会っているんです。

上田会長　こういう3社長から来ましたけれど、その前はもっと具体的な私に対する手紙は具体的な要望事項がありましたので、具体的な要望事項は8月3日までに、基本的に全て対応して一応それまでに片づけてもらったという理解です。

佐藤委員　監査委員としては一応高橋さんのほうで調べて何もおかしくないと言っているわけですよね。それとの整合性というか、どうなんですか。

高橋委員・監査委員　我々が内部でいくら正しいということであっても、対外的にクレームをつけてきたところがそれを全然理解されていない。この状況を放置するということが本当にいいんでしょうか。結果として、流れとして経営委員会にこういう手紙が来て、ガバナンスについてはどうなっているんでしょうかということ。それはちゃんと管理監督義務があるわけですから、というのが今の状況ということだと思います。

森下代行　それは会長がおっしゃったように、8月4日の時点で事務レベルで整理されていたとおっしゃるけど、その後これが来ているということは、それで納得していないから経営委員会に来たわけですから。だから、納得すれば来ないわけです。

上田会長　多くのそういうのを受けているのですから、相手の社会的立場によって、やはり対応…

森下代行　それはさっき言ったように言論的なものは別ですよ、いろんな意見の相違があるのは。

佐藤委員　これを会長名というか委員会名で出すということは、これからも何かあったら、会長が何か対応しなきゃいということの最初のきっけになってしまうと思うんです。

森下代行　きっかけになってもいいじゃないの。委員会に来ているわけだから、委員会が回答しないといけない。

長谷川委員　今回、まず文書ではないということが大事と。わざわざ仁義を切りにお出かけになる、これも前例になるとまずいと。

森下代行　本当は彼らの気持ちは納得していないのは取材の内容なんです。こちらに納得していないから、経営委員会に言ってくるためにはこのポイントしか、経営委員会は番組のことは扱わないのでこう言ってきているけども。本質的にはそこで、本当は彼らの不満感を持っているということなんですよね。

上田会長　先ほどの森下代行のおっしゃってくださいましたように、入っていくと、これは私の問題というよりも、ＮＨＫ全体というか、経営委員会も含めて非常に大きな問題になる。（中略）いろいろなところにぱっと情報が出ていってしまったときに、いや、実はこういうことだとなったら、これはもうＮＨＫとしては本当に存亡の危機に立たされることになりかねない部分が、別にならないケースもあると思いますけど、過去にもこの手のやつで大きな騒ぎが何度か起きていますので。

長谷川委員　これはもう絶対に内密にお願いしますよということで親分同士が握手をする、それでもどっかに漏れる危険性はもちろんあると。今そういうことをしないでガバナンスに瑕疵はないということで、もうこれ以上対応はしなかった場合に、郵政のほうが今度さらに何かを言ってきて、下手をしたら何か週刊文春にこんなひどいことがあったみたいなことを言ったりするリスクと、どっちのリスクを大きく見るかということのように思われるんですけど。

渡邊委員　何かある意味ではあの番組はちゃんとした結末みたいなのが出ていたと思うんですけど、それが何でこういう形で郵政のトップの方々が連名で、そしてよこして、経営委員会までそれをちゃんとしていないみたいな文書をよこしたということは、こんな言い方変なんですが、何かＮＨＫに対して何かちょっと嫌な感じの圧力とは言わないけど、何かそういう懸念と言ったらいいんですか、その人方が見れば。そういうのが何となくちょっと働いているような気がしてちょっと心配だなと。

村田委員　それは森下代行が言われたように、やっぱり彼らの本来の不満は内容にあって、内容については突けないから、その手続論の小さな瑕疵のことで攻めてきているんだけども。でも、この経営委員会の現実としても、手紙が来た以上経営委員会で返事をしないわけにはいかないんですよね。経営委員会が返事をするときには内部的にはガバナンスが効いていますよという返事だけでは、多分それも火に油を注ぐというか、ガバナンスが効いていなかったという必要はないんだけども、内部的に効いているんだから。だけれども、効いていましたから以上ですというわけにはいかないというところですね。

第１３１７回　経営委員会　委員のみの会（２０１８年11月13日）【出席委員12人】

石原委員長　前回の経営委員会で、郵政グループ３社から経営委員会に送られた申し入れについて、上田会長を交えて意見交換を行いました。そして、経営委員会として、上田会長に注意するとともに、郵政各社に遺憾の意を示す文書をお送りしました。そして先日、日本郵政株式会社の鈴木副社長より経営委員会宛にて。今回の一連の件について、感謝の文書が届きました。

石原委員長が日本郵政から届いた文書を読み上げる。

石原委員長　要は、番組をつくるときに、もうほとんどでき上がった段階で上のところに持ってきて、これでいいじゃないかということでは、やっぱりまずいんじゃないかと。それぞれのところで、つかさつかさで、きちっとやっぱり管理をしていかないとまずいんじゃないかということを、鈴木さんはこの中で主張されておるということだと理解しております。

井伊委員　ちなみに、その方って放送関係にいらした方なんですか。

佐藤委員　総務省の方…

小林委員　総務省の方なんですか。

石原委員長　総務省。総務省の何か次官をした方らしいですね。日本政府郵政、ホールディングでしょうね。

井伊委員　総務省をやめた後に郵政の。

石原委員長　非常に詳しい方でいらっしゃる。それでは、本件を終了します。

「ＮＨＫ文書開示等請求訴訟」原告団・弁護団

NHK 文書開示等請求訴訟原告団：NHK 問題に取り組む全国の市民団体のメンバー、元大学教授、元 NHK 職員など約百名で構成
NHK 文書開示等請求訴訟弁護団：澤藤統一郎・澤藤大河（澤藤法律事務所）、佐藤真理（奈良合同法律事務所）、杉浦ひとみ（東京アドヴォカシー法律事務所）の４人の弁護士で構成

ＮＨＫ「かんぽ不正」報道への介入・隠蔽を許さない　裁判勝利の報告

2025 年 3 月 8 日　初版 1 刷発行
編　者　「ＮＨＫ文書開示等請求訴訟」原告団・弁護団
発行者　岡林信一
発行所　あけび書房株式会社
〒 167-0054　東京都杉並区松庵 3-39-13-103
☎ 03.-5888- 4142　FAX 03-5888-4448
info@akebishobo.com　https://akebishobo.com

印刷・製本／モリモト印刷
ISBN978-4-87154-278-4　C3031

あけび書房の本

軍拡と社会保障解体の罠
ゾンビ家制度
竹信三恵子、杉浦ひとみ、杉原浩司、雨宮処凛、古今亭菊千代著　戦前の「家制度」は、今もなおゾンビのごとく残っている。「ゾンビ家制度」は、「性差別大国」「生活小国」日本の元凶でもあり、軍拡装置の罠であることを解明。

1650円

メディア、カルト、人権、経済
現代ニッポンの大問題
阿部浩己、鈴木エイト、東郷賢、永田浩三著　テレビメディア、統一教会と政界との癒着、入管法の人権問題、経済政策に詳しい著者問うたニッポンの大問題。

1760円

七生養護学校事件と今
なぜ学校で性教育ができなくなったのか
包括的性教育推進法の制定をめざすネットワーク編　浅井春夫、日暮かをる監修　性の多様性、包括的性教育、子どもの権利など今の課題の原点にある七生事件を振り返る。

1760円

森友・加計、桜、学術会議の疑惑を究明する
ストップ!! 国政の私物化
上脇博之、阪口徳雄、前川喜平、小野寺義象、石戸谷豊、岡田正則、松宮孝明著　安倍・菅政権から今もなお続く露骨な国政の私物化。なぜ止まらない？　どうしたら止められる？　真相究明する当事者・識者が徹底解明。

1760円

価格は税込